KB122871

DNA의
모든 것을
이 토 록
쉽고 재밌게
설명하다니!

DNA의
모든 것을
이 토 록
쉽고 재밌게
설명하다니!

생물학자 비어트리스 지음 | 오지현 옮김 | 이영일 감수

더숲

차 례

PART 1 DNA와 유전자

PART 2 유전자의 유래

PART 3 유전자와 형질

PART 4 유전자 너머

들어가며

우리 대부분은 자신이 특별하고 대단하다고 믿고 싶어한다. 바로 우리의 본질적이고 신비로운 자아 때문이다. 그런데 사실 그건 우리의 DNA에서 비롯되는 것이다. 경험도 물론 중요하지만, 우리의 본질과 우리의 모습 상당 부분은 우리 몸 안에 기록되어 있다. 우리의 정체성을 수량화할 수 없다는 생각도 낭만적이긴 하지만, 그 정체성이 우리 몸의 모든 부분에 아로새겨져 있다는 사실이 내게는 더 시적으로 느껴진다.

그렇다고 조바심 낼 필요는 없다. 당신은 여전히 그 누구에게도 없는 멋진 당신다움을 가지고 있다. 당신과 똑같은 DNA 염기서열을 가지고(다만 통계적으로 말하자면 적어도 당신이 일란성쌍생아가 아니라는 전제를 붙여야 한다) 가치 있는 경험들로 채워진 유일무이한 당신의 과거를 가진 사람은 오직 당신뿐이니까.

우리가 DNA 내부를 들여다보면서 아름다움을 느끼는 것은 인류의 가장 깊은 뿌리와 우리를 연결시키는 과거의 모든 이야기를 DNA가 담고 있기 때문이다. 부모, 조부모, 증조부모, 쭉 거슬러 올라가 고대 조상들까지 말이다(그중에는 인간인 조상들도 있고 인간이 아닌 조상들도 있다). DNA는 30억 년 이상의 과정을 거치면서 수정되고, 다시 쓰이고,

DNA의 모든 것을 이토록 쉽고 재밌게 설명하다니!

교정되어 온 한 권의 책이다. 우리 인간은 DNA를 통해 오늘날 살아 있거나 예전에 살았던 지구상의 모든 다른 생명체들과 연결되어 있다. 이건 중대한 문제다.

DNA를 통해 그 비밀들을 알아내려 애쓰는 작업이 현재 진행 중이다. 그러니 누군가 당신의 머리카락 한 올, 혹은 당신이 씹던 껌을 손에 넣어 과학적 편법으로 당신의 영혼을 꿰뚫어보지는 않을까 걱정할 필요는 없다.

유전학에 대한 진실은 끊임없이 변화하고 있다. 지금 내가 여기에서 서술한 내용의 상당 부분은 아직 연구 단계에 머물러 있으며 앞으로 몇 년만 지나면 구체적인 부분들이 규명될 것이다. 이렇게 모든 것이 빠르게 진보하고 있다. 오늘날 과학자들이 비교적 확신하는 어떤 세부 내용들이 내일 거짓으로 증명될 수 있다. 이렇듯 너무나도 변동이 심한 분야, 이것이 유전학이다. 하지만 유전학의 중요성과 흥미진진함에 대한 나의 고찰들은 결코 시대에 뒤떨어진 것이 아니다. 나는 언제나 유행에 민감하니까(적어도 그런 사람이길 바란다).

유전학에는 상당히 많은 용어가 등장하는데 사실 이런 용어들은 유전에 대해 배운다기보다 다른 언어를 공부하는 것 같다. 보통 과학 하면 알아들을 수 없는 전문 용어들이 떠오르기 마련인데 특히나 유전학은 어휘가 어려운 걸로 유명하다. 그래서 책의 마지막 부분에 간편한 용어 사전을 수록했다. 내용상 전문 용어들이 넘쳐나긴 하지만 무슨 수를 써서든 이 책이 분노의 용어 설명집으로 전락하는 것만은 막고 싶다. 따라서 그럴 만한 가치가 있다고 생각되면 정확한 과학 용어를 사용하겠지만 그렇지 않다면 용어의 뜻을 풀어서 서술하거나 유의어로 대체할 것이다. 이런 방식이 몇몇 동료 과학자들의 심기를 불편하게 만든다 해도 나는 이렇게 말하고 싶다.

"쳇, 남이야 그러든 말든 무슨 상관."

이어서 독자들을 위해 원시적 동굴 벽화 수준의 솜씨로 염색체들을 그리고, 단백질에 대한 시시껄렁한 농담을 하고, 또 가능하다면 역사적으로 유명한 과학자들을 한 명씩 불러내어 놀려 볼 생각이다.

만약 당신이 유전 과학에 대한 진지한 소견을 구하고 있다면 이 책에서는 원하는 답을 얻지 못할 것이다. 유전학에 대한 이해를 도와줄 두꺼운 교재들은 널려 있다(그런 교재들은 냄비받침으로도 손색이 없다). 내가 하고 싶은 일은 당신을 즐겁게 해주면서 유전학의 기초를 두루 다루는 것이다. 나는 (불과 몇 년 후 분명 구식이 되어 버릴) 가장 최첨단 연구를 다루고 그 역사적 맥락을 대화로 녹여 볼 생각이다. 기꺼이 귀 기울여 줄 사람과 커피 마시며 즐겁게 나눌 법한 이야기이자 이 책의 지면을 빌어 당신과 함께 나눌 만한 이야기로 말이다.

과학은 분명히 진지한 학문이지만, 과학을 항상 그렇게 진지하게 받아들일 필요는 없다. 과학은 우리가 과거 이뤄 냈거나 앞으로 이뤄 낼지도 모르는 모든 기술적 진보를 책임지는 우리 인간이 이룬 가장 훌륭한 성과임과 동시에, 배설과 섹스, 그리고 코딱지 같은 것이기도 하다. 그러므로 편하게 발을 걸쳐 놓고 앉아 DNA를 둘러싼 극적인 사건들에 대해 이야기 나눠 보자. 그것이 진짜 유전학이니까.

감수의 글

빌 게이츠는 생명공학이 21세기의 IT산업이라고 말하며 생명공학의 중요성을 강조했다. 매년 스위스 다보스에서 열리는 다보스포럼에서도 21세기를 '생명과학의 시대'라고 규정했다.

유전체의 해독이 가능해진 오늘날, 인류는 생명공학 기술의 신세기를 맞이하고 있다. 인간 유전체 분석 결과, 인간은 30억 쌍의 DNA 염기서열로 구성되어 있으며, 최근에는 유전자의 정체가 더욱 상세히 밝혀지고 있다. 또한 DNA를 활용한 삶의 질 향상을 위한 연구가 활발히 진행되고 있으며, 이 연구들은 보건·환경·자원·식량 등 다양한 분야에서 여러 사안들에 대한 중요한 해결책을 제시한다.

생명공학은 우리의 생활 전반에 걸쳐 중대한 영향을 미치고 있으며, 그 가능성은 무궁무진하다. 이에 따라 유전공학의 시대를 살아가는 우리에게 이 분야의 연구 결과와 지식을 이해하는 것은 필수 요소가 되고 있다.

고등학교 생물학 교사를 거쳐 과학 커뮤니케이터로 활동하는 저자는 생명 분야의 지식을 좀 더 쉽게 전달하기 위해 친절하고 흥미롭게 풀어쓴 DNA 과학 입문서를 출간했다. 이 책은 생명공학의 핵심인 유전

DNA의 모든 것을 이토록 쉽고 재밌게 설명하다니!

학을 다루며, 용어부터 해설까지 체계적으로 정리하여 독자들이 유전학에 대한 기초적인 이해를 갖출 수 있도록 도와준다.

　이 책에서는 당신의 유전자에 무엇이 들어 있는지, 생기 넘치는 빨간 머리, 완벽한 치아, 색깔을 보는 능력 뒤에 숨겨진 과학 원리 등을 설명한다. 유전학의 기초를 설명하면서 독자들이 생물학을 최대한 즐기고 DNA에 대한 기본적인 이해를 갖추도록 돕는다. 특히 풍부한 상상력을 바탕으로 직접 그린 일러스트는 책의 내용을 더욱 위트 있게 전달한다. 이 책은 눈동자 색깔부터 모발 유형까지, DNA를 쉽게 해독하는 데 큰 도움이 될 것이다.

　또한 DNA가 어떻게 현재의 우리를 형성하는지에 대한 흥미로운 이야기가 담겨 있다. 이를 통해 독자들은 우리 삶의 모든 측면을 만들어내는 DNA를 깊이 이해하고, 과학에 대한 호기심을 느껴 지식을 넓히는 좋은 기회를 갖게 되는 동시에 생명공학의 무한한 가능성을 체험하게 될 것이다.

　평생을 유전자 변이 연구에 매달려온 감수자로서 오랜만에 일반 독자를 위한 유쾌한 과학책을 만났다.

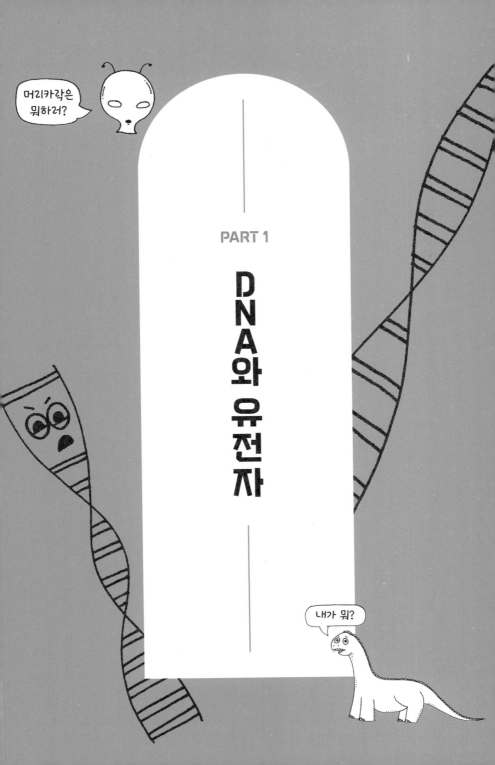

PART 1

DNA와 유전자

당신의 친구 DNA

DNA는 요란하게 자신을 드러내는 부류가 아니다. 오히려 세포 깊숙한 곳에 숨어서 모든 비밀을 간직한 채 혼자 있기를 더 좋아한다. (꿈에 그리는 휴가 때 내 모습 같다.) 미안해, DNA. 네가 좋아하든 말든 우리는 너의 사적인 공간 속으로 들어갈 거야.

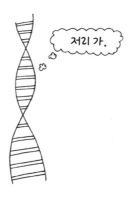

저리 가.

DNA는 정식 명칭이 디옥시리보핵산인데, 발음하기 좀 어려워서 편의상 만든 약어다. 썩 좋은 이름이 아니라는 건 알지만 내 탓은 아니다. 이름이 붙여질 때 나는 그 자리에 없었으니까. 나라면 레지날드나 글래디스쯤으로 지어서 다들 이름 때문에 시간 낭비하지 않게 했을 것이다. 어쨌든 이것이 우리가 익숙해져야만 하는 이름이다. 외우기에 만만치 않아 보이겠지만, 이름을 몇 부분으로 나누어 보면 그렇게 막

막히기만 한 것도 아니다.

디옥시*Deoxy*는 어떤 물질이 산소 원자 1개가 부족한 상태임을 말해준다. 정확하게 어떤 물질이 그렇다는 것일까? 바로 뒤에 있는 리보*ribo*에 답이 있다. 리보는 리보스*ribose*라고 불리는 당을 줄인 약어다. 그러니까 이름 앞부분인 디옥시-리보*deoxy-ribo*란 산소 원자 1개를 잃어버린 리보스라는 물질이 DNA 속에 있다는 것을 의미한다. 여기까지는 식은 죽 먹기다.

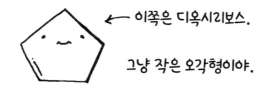

← 이쪽은 디옥시리보스.

그냥 작은 오각형이야.

이제 위에서 잠깐 언급했던 리보스 이야기를 해보자. 리보스와 디옥시리보스는 모두 당이다. 접미사 -ose는 사실 다양한 당류의 이름 끝에 단골로 사용되는 어미다. 포도당은 글루코스glucose, 자당은 수크로스sucrose, 그리고 과당은 프럭토스fructose라는 점을 떠올려보자. 디옥시리보스는 다른 당류처럼 그리 잘 알려져 있지는 않지만, DNA의 중요한 부분이기 때문에 사실 널리 알려졌어야 옳다. 디옥시리보스는 DNA 골격의 한 부분인데 배배 꼬인 DNA 사다리의 양쪽 레일에 해당한다.

DNA 골격의 나머지 한 부분은 인산기라고 부르는 물질이다. 인산기는 인 원자 1개와 산소 원자 4개로 되어 있다. DNA 사다리의 양쪽 레일에는 인산기와 디옥시리보스가 번갈아 이어져 있다. 워드프로세서에서 디옥시리보스를 치면 밑에 빨간 줄이 그어지면서 등록되어 있지 않은 단어로 표시되지만, 실제 쓰이는 단어로 설정해야 할 것이다.

이름의 마지막 부분인 핵산nucleic acid은 DNA의 실체가 제대로 알려지기 전에 누군가가 붙인 명칭이다. 핵nucleic이 붙은 이유는 DNA가 세포핵에서 많이 발견되기 때문이고, 산acid이 붙은 이유는 뭐, DNA가 약간 산성을 띠기 때문이다. 이는 과학적 명칭이 지닌 아이러니다. 대상을 간단명료하게 표현하려다가 오히려 다가가기 어렵고 아리송하게 만들어 버린 게 아닌가.

인산기Phosphate group: DNA 골격의 일부를 차지하는 화합물. 인 원자 1개가 산소 원자 4개에 둘러싸여 있다.

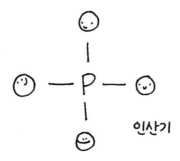

인산기

하지만 DNA의 진짜 흥미진진한 부분은 당과 인산염들로 구성된 골격이 아니다. 실제로 DNA의 역할을 수행하는 부분은 사다리의 가로 대에 해당한다. 바로 '염기'들이 위치한 곳이다. DNA의 염기들에 대해 들어 본 적이 있을지도 모르겠다. A, T, C, G라는 알파벳들 말이다. 정식 명칭은 아데닌, 티민, 시토신, 구아닌이다. 이 염기들이 쌍을 이루어 DNA 사다리의 가로대를 만드는데, 짝짓기 과정이 꽤 까다롭다. A는 T와 짝을 이루고, C는 G와 짝을 이룬다. A는 C 근처에는 얼씬도 못 하고, G는 T를 진상 중의 진상이라 여긴다는 얘기도 있다.

염기Base: DNA의 한 부분으로서 이중 나선 사다리의 가로대를 형성한다.

염기쌍들이 한 치의 오차도 없이 정확하게 일치한다는 것을 표현하기 위해서 우리는 염기쌍들이 서로 보완한다, 즉 상보적이라고 말한다. 만약 DNA의 한쪽 레일의 염기들이 TTAAGC라면 이에 상보적인 염기서열은 AATTCG가 될 것이다. 각각의 염기는 특정 염기를 보완물로 갖는다. 그리고 염기들이 서로 상보적으로 결합할 때, 이 특정 염기는 실수로 잘못 짝지어져서는 안 된다. 하지만 나는 이 염기들이 종종 자신의 특정 염기를 헷갈린다고 확신한다. 다만 그런 경우가 아직까지 과학적으로 증명되거나 저명한 학술지에 소개된 적은 없다. 그래도 나는 그렇게 믿는다.

아니야, 네가 더 귀엽다니까!

아데닌Adenine, A: 사다리의 가로대를 형성하는 DNA의 염기들 중 하나. 티민
과 짝을 이룬다.

시토신Cytosine, C: 사다리의 가로대를 형성하는 DNA의 염기들 중 하나. 구
아닌과 짝을 이룬다.

구아닌Guanine, G: 사다리의 가로대를 형성하는 DNA의 염기들 중 하나. 시토
신과 짝을 이룬다.

티민Thymine, T: 사다리의 가로대를 형성하는 DNA의 염기들 중 하나. 아데
닌과 짝을 이룬다.

요약하면 DNA는 디옥시리보스(그 특이하게 생긴 당), 인산기(5개의 원
자단), 그리고 염기(A, T, C, G) 이렇게 세 부분으로 이루어져 있다. 이
세 가지가 합쳐져 뉴클레오타이드라는 DNA의 기본 단위가 된다. 여러
분은 수많은 물질들의 이름에서 뉴*nuc*를 볼 수 있을 것이다. 과학자들
이 세포의 핵을 뜻하는 뉴클레어스*nucleus*라는 단어에 푹 빠졌던 듯하다.
게다가 이런 물질들은 모두 아주 오랜 시간을 세포핵 속에서 보내므로
그들의 이름에 핵이란 단어를 넣지 않을 수 없었을 것이다.

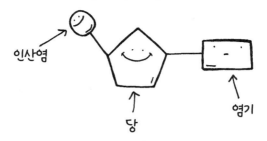

뉴클레오타이드를 보시오!

인산염

당

염기

~뉴클레오타이드Nucleotide: DNA의 기본적인 구성단위. 당 1개, 인산염 1개, 염기 1개로 이루어진다.~

보통 DNA의 염기서열을 말할 때, 염기의 쌍들을 일일이 읽지는 않는다. 그저 DNA 사다리의 한쪽 레일을 쭉 따라가면서 알파벳들의 배열을 읊기만 할 것이다. 다음은 DNA 염기서열의 한 예다.

ATGCCGCGCGTTTCGATATCGCTTTTCGC
GAAAAAAAAA

자, 염기서열의 생김새는 다 이렇다. 정말 흥미진진하지 않은가. 무작위로 배열된 글자 4개가 저런 식으로 계속 이어질 뿐이다. 당신의 DNA는 약 30억 개나 되는 글자가 종잡을 수 없게 늘어서 있는 한 권의 책이라고 할 수 있다. 지금 당신이 읽고 있는 이 책이 30억 개의 글자로 되어 있다면 6,000만 페이지가 족히 넘을 것이다. 그랬다면 나는 이 책을 쓰려고 하지 않았을 것이다. 왜냐하면 죽을 때까지 자판을 두드려야 할 테니까. 물론 나이 탓도 있다. 또한 할 말이 바닥나서 자판에 이마를 박기 시작했을 것이다. 설사 수년 동안 책을 썼다 한들, 나

▶◀▶◀▥▥▥▥ DNA의 모든 것을 이토록 쉽고 재밌게 설명하다니!

는 절대로 완성하지 못했을 것이다. 그러니까… 정말 어마어마한 분량이라는 것이다.

어쨌든 당신은 30억 자 분량의 자신에 대한 지령서가 단지 4개의 글자만으로 이루어져 있다는 사실을 꼭 명심해야 한다. 여기서 주목할 것은, 당신의 DNA 속에 들어 있는 각각의 정보 단위는 모두 보잘것없는 단 4개의 글자들로 표현되어 보관된다는 사실이다. 그 정보들은 당신을 당신답게 만들어준다. 당신의 취향, 당신의 눈동자 색, 1980년대 로맨틱 코미디에 대한 당신의 집착 같은 것까지 말이다.

영어에서 알파벳 A, T, C, G를 조합해서 만들 수 있는 단어는 정말 몇 개 되지 않는다. At. 여기 하나. Cat. 여기 또 하나. Tag. 자, 떠오르는 건 이게 전부다. 이번 판은 네가 이겼어, DNA. 그렇다고 자만하지는 마.

DNA는 모방꾼

DNA의 배배 꼬인 사다리 모양과, 가로대가 염기쌍과 일치한다는 사실은 단지 보이기 위한 것이 아니다. 이러한 구조 덕분에 DNA는 역사 숙제처럼 베끼기 쉬운 대상이 된다. 이는 실로 대단히 놀라운 일이다. 누군가가 이 책에서 한 페이지를 뜯어내서(그런 충동을 느끼는 사람이 없기를 진심으로 바란다), 반으로 찢은 후(그러지 말기를 다시 한번 부탁한다), 당신에게 한 조각을 건네준다면 당신은 그 반쪽짜리 페이지에서 그리 많은 사실을 알아낼 수 없을 것이다. 단어의 절반이 빠져 있으니 읽을 거리로는 오히려 쓸모가 없을 것이다. 종이비행기를 접을 수는 있겠으나 다른 용도로는 힘들다. 반면 DNA는 반으로 갈라놔도(사다리의 가로대들은 정말 반쪽으로 쪼개질 수 있다) 한쪽만 갖고도 나머지 반쪽이 어떻게 생겼을지 정확히 알 수 있다.

DNA가 이 탁월한 속성을 실제로 이용하는 방법 중 하나가 DNA 복제다. DNA가 자기 자신을 더 많이 만드는 과정 말이다. 복제는 DNA가 자주 해야만 하는 일이기도 하다. 당신의 몸이 하나의 새로운 세포를 만들어야 할 때마다 그 조그마한 새끼 세포 배양을 위해 DNA가 필요하기 때문이다.

복제Replication: DNA가 자신의 복사본을 만드는 과정.

▸▭▭◁◍◍◍ DNA의 모든 것을 이토록 쉽고 재밌게 설명하다니!

당신의 몸은 늘 새로운 세포들을 만들어 낸다. 그 예로 당신의 피부를 생각해 보자. 당신은 6주마다 완전히 새로운 피부세포들로 된 막을 얻는다. 당신의 몸이 쉴 새 없이 피부세포들을 추가로 만들기 때문이다. 이는 그곳에서 DNA 복제가 수차례 진행되고 있음을 뜻한다. 손을 들여다보자. 사실 지금 당신의 눈에 보이는 피부세포들은 모두 죽은 상태다. 당신이 생활하면서 끊임없이 흘리고 다니는 죽은 세포들을 대체하기 위해 지금 새 피부세포들이 그 밑에서 올라오는 중이다. 그런데 죽은 세포들은 어디로 종적을 감추는 것일까? 러닝머신 위에 내려앉은 저 분진 쪼가리를 보라. 그게 바로 죽은 세포들이다.

분진. 단순히 먼지와 파리의 알들이 아니다. 당신의 죽은 세포들이기도 하다! 쩝쩝!

DNA는 모든 세포가 분열하기 전에 자신의 전체 복사본을 하나씩 만들어야 한다. 따라서 모든 새로운 세포들은 각각 완전한 일련의 '지령'을 갖게 된다. DNA가 실제로 복사되는 과정은 화학과 혼돈이 빚어내는 복잡한 발레 작품과 같다.

DNA는 분열을 시작할 때 틀림없이 지퍼 열리듯 갈라질 것이다. 이

갈라지는 모양 때문에 '지퍼 열린' 유전자에 관한 어느 정도 일리 있는 농담들이 있다.

DNA가 반으로 갈라지면 염기 사이의 결합이 끊어지면서, DNA의 두 레일은 마치 벌거벗고 물에 뛰어드는 사람처럼 분자가 완전히 노출된 채 바깥쪽으로 늘어진다. 이렇게 지퍼가 열린 채 축 처진 상태의 DNA에서 새로운 DNA 가닥 2개를 얻기 위해, 마침 주변을 떠돌고 있는 뉴클레오티드 조각들이 날아들어 외롭게 노출되어 있는 염기들과 정확하게 짝을 이룬다. 아데닌은 티민과 연결되고 시토신은 구아닌과 짝이 되는 것이다.

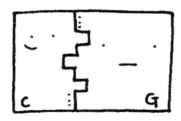 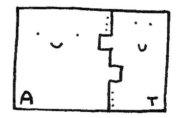

생물학에서는 이 부유물들을 '프리 뉴클레오타이드'라고 부른다. 이것들이 '프리'한 이유는 어느 것에도 들러붙지 않은 자유로운 상태이기 때문이다. 그런데 무료이기까지 하니 여러모로 프리 뉴클레오타이드인 셈이다. 사람으로 치면 속옷도 걸치지 않는 부류임이 틀림없다.

이제 새 뉴클레오타이드들이 모두 짝을 찾아 배열되었으니 단지 하나였던 DNA가 완전히 새로운 두 가닥을 가지게 되었다.

▷━━━◁Ⅲ DNA의 모든 것을 이토록 쉽고 재밌게 설명하다니!

DNA 더 만들기

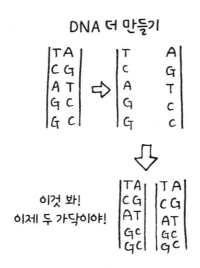

이것 봐!
이제 두 가닥이야!

복제 과정에서 우리는 덤으로 y 꼴의 DNA도 볼 수 있다. 새 DNA 가닥은 원래 있던 DNA 가닥의 반쪽(한쪽 레일)과 새로 만들어진 DNA 가닥의 반쪽(한쪽 레일)으로 구성된다. 이 방식이 기발한 이유는 실수에 대한 보험을 제공하기 때문이다. 원본을 주형으로 사용하면 염기를 정확하게 짝 지을 확률이 훨씬 더 커지니 말이다. 그렇지만 이 예방책이 항상 효과가 있는 것은 아니다. 전체 DNA 세트에 너무 많은 염기가 들어 있는 상황에서는 정확도가 99.99999퍼센트라 해도 결국 불일치와 실수가 일부 벌어지게 된다. 이것이 바로 당신 몸에 DNA라는 방대한 책을 훑으며 오타를 찾아내어 고치는 단백질들이 존재하는 이유 중 하나다. 하지만 살펴볼 글자가 30억 개인만큼(사실 DNA의 양쪽 레일을 생각하면 그 두 배다), 아차 싶은 일들이 벌어질 수밖에 없다.

덧붙여서 당신의 DNA가 늙고 지치기 시작한다면 절대 예전처럼 여러 번 복사될 수가 없다. 복사본의 복사본의 복사본을 만들 때처럼, 복사본의 질이 떨어지기 시작하기 때문이다. 노화 과정에서 일어나는 몇몇 몸의 변화들은 DNA 복제 중 일어나는 실수 및 DNA 가닥이 줄어드는 현상으로 인한 것이다. DNA는 복사될 때마다 그 끝이 아주 조금씩 절단된다. 이런 유실로 DNA가 손상되지 않게 하기 위해 DNA 가닥에는 텔로미어, 즉 말단소립이라고 불리는 보호 캡이 달려 있다. 하지만 몇 년이고 복제를 거듭하다 보면 이 완충 장치들은 서서히 침식되고, 그 뒤에는 운이 다하게 된다.

만약 인간의 수명이 복사를 거듭하며 '늙어' 가는 DNA로 어느 정도 결정된다면 영원히 사는 것처럼 보이는 종들은 어떨까?

'불멸의 젤리피시'라고 들어 본 적 있는가? (우선 여러분이 젤리로 만든 물고기를 떠올리며 불쾌해지기 전에 설명하겠다. 물론 젤리피시는 물고기가 아니며 그냥 젤리가 더 나은 용어라는 건 나도 안다. 하지만 불멸의 젤리는 뉴에이지 레스토랑의 메뉴나 성행위의 완곡한 표현처럼 들리므로 나는 편집자적 권한을 이용하여 '젤리피시'로 하겠다. 부르기도 훨씬 낫다.)

이 바닷물고기계의 불멸의 젤리들은 죽지 않는 것처럼 보인다. 이는 단순히 늙어서 죽는 모습이 관찰된 적이 없기 때문만은 아니다. 이들이 성체가 되고 나면 폴립, 그러니까 유생 형태로 되돌아가서 나이를 거꾸로 먹기 시작한다.

폴립은 바다 바닥에 몸을 붙이고 있는 작은 덩어리로 약간 아네모네 꽃을 닮았다. 바닷속을 우아하게 부유하며 흐느적거리는 촉수를 가진 종 모양으로 묘사되는 젤리피시는 그들의 생애주기 중 메두사 단계, 즉 성체 단계에 해당한다.

불멸의 젤리피시는 발달 단계상 전진하기도 하고 후퇴하기도 한다. 유생 단계에서 성체 단계로 갔다가, 다시 유생 단계로 돌아가며 그 생애주기를 반복한다. 그 사이클을 처음부터 끝까지 유지한다는 점만 빼면 벤자민 버튼과 비슷하다.

불멸!

그들은 어떻게 이렇게 살아가는 것일까? 이러한 생애주기가 반복의 반복을 거듭하는 동안 어째서 그들의 DNA는 마모의 조짐을 보이지 않을까? 우리는 지금 그 비밀을 밝히기 위해 노력 중이다. 여기서 '우리'란, 나와는 전혀 관련 없는 사람들이라는 취지에서 '우리' 고귀한 과학을 의미한다.

이제 DNA가 무엇이며 어떻게 인간의 모든 세포에 빠짐없이 들어가게 되었는지 알았으니, 대체 DNA가 하는 일이 무엇인가와 같은 더 중요한 주제로 들어가 보자.

너무 복잡한 단백질

운 좋게도 DNA가 당신을 당신답게 만드는 이 모든 역할에 대한 공을 송두리째 차지하고 있기는 하지만 진실은 이렇다. 실제로 DNA는 그렇게 많은 일을 하지 않는다. DNA 자체는 인적 없는 숲속에서 홀로 쓰러지는 나무 한 그루와 같은 신세다. 다시 말해서 별 볼일 없다는 뜻이다. DNA는 정말 수동적이고 게으르기만 하다. RNA와 단백질의 도움을 받아 상당한 영향력을 지니게 된 것뿐이다.

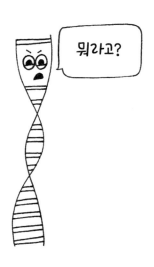

뭐라고?

〰️🧬〰️ DNA의 모든 것을 이토록 쉽고 재밌게 설명하다니!

아, RNA도 그 성가신 약어들 중 하나다. 그런데 디옥시*deoxy*를 의미하는 D가 없다. 이 부분이 빠진 RNA는 그냥 리보 핵산이다. 이번에는 당이 디옥시리보스 대신 리보스다. 산소 원자가 그 차이를 만드는데, 리보스가 디옥시리보스보다 산소 원자를 1개 더 가지고 있기 때문이다. 그것만 빼면 두 물질은 기본 구조가 아주아주 비슷하다는 정도만 알고 있으면 된다.

RNA: Ribonucleic acid(리보 핵산) 약어. 일반적으로 DNA 서열로 만들어진 단일 가닥의 염기들. 몇몇 RNA들은 세포 속에서 일을 하고, 다른 RNA들은 단백질을 만드는 데 쓰인다.

단백질: 아미노산들이 사슬처럼 연결된 물질로, 엄청나게 얽히고 꼬인 구조를 이루며 당신 몸속에서 중요한 일들을 한다.

리보스Ribose: RNA의 골격에서 발견되는 오각형 모양의 당.

이름의 나머지 부분인 NA는 핵산을 의미한다. DNA에서 설명한 것과 같다.

몇 가지 다른 종류의 RNA가 있지만, 일단 전령 RNA를 살펴보자. 전령messenger RNA의 약어는 mRNA이다. (아직도 약어에 적응이 안 되는가? 나도 마찬가지다!)

전령 RNA는 단일 가닥으로 되어 있다. 이 말은 DNA처럼 양쪽 레일을 가진 사다리 형태가 아니라 그저 축 늘어진 국수 가닥처럼 생겼다는 뜻이다. 때때로 mRNA가 DNA의 아름다운 나선형 사다리 역할을 질투할지도 모르겠지만, mRNA는 훨씬 더 낭만적인 삶을 영위하고 있다. 왜냐하면 그 이름이 암시하듯이 mRNA는 정보를 취해서 어딘가 다른 곳으로 전달하기 때문이다. 항상 동분서주하며 세상 구경을 하고 있는 셈이다. 반면 DNA는 mRNA로 하여금 대신 살게 하는 것이다.

이것이 RNA의 중요성이다. RNA는 일을 처리한다. 앞서 말한 것처럼, DNA는 게으른 카우치 포테이토(긴 소파에 누워 포테이토 칩을 먹으며 텔레비전만 보는 이를 뜻하는 말-번역자)일 뿐이다(혹은 핵산 포테이토라든가). 편집증적이고 반사회적인 음모론자처럼 DNA는 좀처럼 집 안을 벗어나려 하지 않는다. 하지만 알릴 필요가 있는 모든 중대한 정보들을 가지고 있기 때문에 자신의 지령대로 움직일 mRNA를 내보낸다. 그리하여 mRNA가 도맡은 중요한 역할은 단백질 합성을 돕는 것이다.

단백질들이야말로 모든 것의 핵심이다. 알다시피 DNA는 한 인간 혹은 한 마리의 개구리 혹은 공룡을 만들어 내기 위한 지령서인데, 그 지령서의 목적이란 다름 아닌 단백질을 생성하는 것이다. 많고 많은 종류의 단백질들을 말이다.

우리가 단백질에 대해 말할 때는 주로 식이요법 측면에서만 이야기한다. 사람들이 채식주의자들에게 "어떻게 충분한 단백질을 섭취하나요?" 하고 묻는 것처럼 말이다. 혹은 바벨 운동을 하는 체육관 귀신들이 운동 후에 단백질 셰이크를 애타게 찾을 때라든가 광고에서 맛이 형편없는 식이섬유 바에 단백질 5그램이 함유되어 있다고 자랑할 때도 쓰인다. (내 알 바 아니다. 그런 벽돌 같은 음식은 먹지 않을 테니.)

하지만 단백질은 음식 그 이상의 것이다. 정말로 당신의 모든 것이

DNA의 모든 것을 이토록 쉽고 재밌게 설명하다니!

다. 테스토스테론과 에스트로겐은 당신이 남성인지 여성인지를 결정하는 호르몬인데 이 호르몬에 달린 수용체가 단백질이다. 머리카락과 체모, 그리고 손발톱 모두가 단백질이다. 당신이 근육을 움직일 수 있게 해주는 세포의 일부분도 단백질로 되어 있다. 친구여, 당신은 대단히 화려하고 거대한 단백질 집합체다. 그리고 이 단백질들은 DNA로부터 지령을 받는 mRNA의 도움으로 만들어졌다.

단백질은 형태와 크기가 다양하지만 모두 아미노산이라 불리는 물질의 사슬로 되어 있다. 스무 가지의 아미노산은 리신, 티로신, 그리고 아스파라긴처럼 정말 재미있는 이름을 가지고 있다.

만약 당신이 나처럼 열렬한 영화광이라면 영화 〈주라기 공원〉에서 억제 기술 중 하나를 '리신 컨틴젠시'라 불렀다는 것을 기억할지도 모르겠다. 그들은 공룡의 유전자를 조작해서 리신을 만들지 못하도록 했다. 그러니까 만약 공룡이 그 섬에서 탈출하면 주라기 공원에서 제공되는 특수한 리신 보충식을 먹지 못하는 상황에 처해 죽도록 계획한 것이다. 나는 아직도 그것에 대해 설명하는 새뮤얼 L. 잭슨의 목소리가 귓가에 들리는 듯하다. 그들은 모든 것을 고려했던 것이다! 뚱뚱한 프로그래머들이 시스템을 마비시키는 상황만 빼고 말이다. 그들은 그런 돌발 상황에는 속수무책이었다.

아미노산: 단백질의 구성 단위.

참으로 우연하게도 우리 인간 역시 리신을 음식으로 섭취해야 한다. 우리가 9개의 아미노산을 '필수아미노산'이라 일컫는 이유를 정확하게

말하자면 체내에서 이 아미노산들이 생성되지 않기 때문이다. 따라서 우리는 필수적으로 이 아미노산들을 식단에 넣어야 한다. 그 〈주라기 공원〉의 복제된 공룡들처럼 말이다.

필수아미노산은 다음과 같다.

1. 히스티딘
2. 이소류신
3. 류신
4. 리신(그 티렉스처럼!)
5. 메티오닌
6. 페닐알라닌
7. 트레오닌
8. 트립토판
9. 발린

그렇다고 아미노산을 충분히 섭취하지 못하는 건 아닌지 걱정할 필요는 없다. 당신이 박하사탕과 물로만 연명하고 있지 않는 이상, 매일 자신도 모르는 사이에 모든 종류의 필수아미노산을 섭취하고 있을 테니까. 특히 동물성 단백질(육류, 우유, 달걀, 그리고 치즈)은 모든 종류의 필수아미노산을 함유하고 있으므로 우리는 이 동물성 단백질을 '완전 단백질'이라고 부른다.

그럼 채식주의자는 아미노산을 섭취하기 어려운 것 아닌가 생각할 수도 있는데 채식주의자 친구들도 걱정할 필요 없다. 물론 채식 위주의 음식에는 아미노산이 부족할 가능성이 높지만 식단을 다양하게 구성하면 해결할 수 있다. 예를 들어 옥수수는 리신이나 트레오닌 함량이 높지 않은데 콩은 그 함량이 높다. 타코 트럭으로 출발!

작디작은 단백질 1개는 길이로 아미노산 100개가 안 될 것이고, 제일 큰 단백질들의 길이는 아미노산 수천 개 분량이 될 것이다. 하지만 하나의 단백질이 얼마나 큰가 작은가에 상관없이, 단백질은 대부분 수세미 넝쿨처럼 보인다. 내가 단백질을 아미노산들이 연결된 사슬이라 언급했지만, 사실 단백질은 사슬처럼 보이지 않는다. 아마 지극히 반듯한 사슬 모양이 헝클어졌기 때문일 것이다. 단백질 사슬이 꼬이고 말려서 공 모양으로 뭉쳐지지 않는다면 사슬 그대로 보일 텐데 말이다. 실제로 단백질은 생성될 때 접히는 과정을 겪으면서 삼차원 형태가 된다.

이건 아주 사실적인 단백질 그림이네요.

엉망진창으로 보이긴 하지만, 단백질이 기능을 하려면 이런 복잡한 형태가 꼭 필요하다. 단백질들은 열쇠-자물쇠 방식으로 상호작용하는 것이다. 그런데 이 열쇠나 자물쇠 중 하나가 기형일 경우, 무수한 변화들이 일어날 수가 있다.

단백질 접힘은 매우 복잡해서 몇몇 과학자는 특정 단백질의 정확한 삼차원적 형태를 규명하는 데 평생을 쏟아붓는다. 꼬기, 돌리기, 구부리기, 돌돌 말기, 비틀기, 그리고 그 밖의 광기로 인해 단백질은 거대하고 복잡한 하나의 난장판이나 다름없다. 하지만 그들은 대단히 중요한 일을 수행하고 있으므로 우리는 단백질들을 너그러이 봐줘야 한다.

살아 있는 모든 것은 유전암호를 사용한다

DNA가 그 중요한 단백질들을 생성하는 방법에 대한 지령들을 제공하기는 하지만, 실제로 하나의 단백질을 만드는 데는 수많은 역할 분담자들이 개입된다. 우선 DNA는 핵 밖으로 내보낼 수 있는 자신의 임시 복사본을 만들 필요가 있다. DNA는 세포가 정상적으로 분주하게 움직이는 동안 핵의 안전한 피난처를 떠나지 않는다(세포가 분열할 때는 벗어나지만). 저 바깥은 너무 위험하고, DNA는 정말이지 너무나도 중요한 존재라서 핵이라는 성 밖에서 일꾼들을 상대할 수 없는 것이다. 그 대신 DNA는 꼬임을 풀고 자신의 복사본이 전령 RNA의 단일 가닥으로

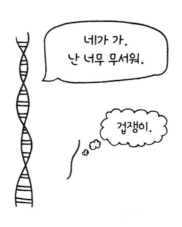

만들어지게끔 한다.

RNA는 DNA와 아주 흡사하다. 하지만 몇 가지 결정적으로 다른 점들이 있다. 앞서 언급했던 것처럼 RNA의 골격을 이루는 당은 디옥시리보스가 아니라 리보스이기 때문에 RNA는 DNA와는 약어가 다르다. 또한 RNA는 DNA처럼 사다리 형태가 아닌 단일 가닥이다. 게다가 RNA는 티민을 대신해서 우라실이라는 색다른 염기 하나를 가지고 있다. DNA가 꼬임을 풀어 스스로를 노출할 때(어머나, 망측해라), 조력자 단백질 한 무리는 드러난 DNA의 염기서열을 주형으로 이에 상보적으로 쌍을 이루는 RNA의 구성단위들을 배열시킨다.

우라실Uracil: 아데닌, 티민, 시토신, 그리고 구아닌과 같은 염기인데 DNA에서는 발견되지 않고 RNA에서만 발견되는 염기. RNA에서 우라실은 티민을 대신하므로 아데닌과 짝을 이룬다.

DNA에 염기 C가 있다면 염기 G를 지닌 RNA 뉴클레오타이드 하나가 염기 C와 짝을 이룰 것이다. 또한 우라실(U)은 DNA 염기서열 중 A들과 짝을 이룬다. mRNA가 DNA 염기서열과 부합되도록 완성되면 mRNA는 DNA에서 벗어나고, DNA는 소변을 누고 난 사람처럼 재빠르지만 조심스럽게 지퍼를 도로 채운다. 이제 우리는 원상 복귀된 DNA와 새로운 mRNA 한 토막을 갖게 되었다. 그리고 이 mRNA는 우리가 필요한 DNA 염기서열에 대한 거울상 서열을 포함한다.

이 말도 해두는 게 좋겠다. mRNA를 만드는 과정에는 인트론, 즉 비발현부위라는 때우기용 염기서열을 제거하는 일도 포함된다. 인간 유

▶━━◀▐▐▌▌ DNA의 모든 것을 이토록 쉽고 재밌게 설명하다니!

전자들은 mRNA에서는 제거되어야 하는 불필요한 구획을 포함한다는 점에서 좀 특이하다. 하나의 유전자가 책이라면 이것은 마치 발행자가 책을 인쇄하기 전에 빼야 할 빈 페이지를 여기저기 끼워 넣는 꼴이다. 인트론은 참 알다가도 모를 대상이다. 진화론적으로 인트론은 진화 체계에 어느 정도 다양성을 심어 주는 셈이다. 인트론들이 제거될 때에는 부위도 양도 다르게 제거될 수 있는데, 이런 과정을 선택적 스플라이싱alternative splicing이라고 한다. 그리고 당신은 기본적으로 하나에 2개의 유전자를 가질 수 있게 된다. 희한하기도 하다.

유전자: DNA의 한 구간으로서 거기에 RNA를 만드는 데 필요한 지령들이 들어 있다. 이 RNA는 하나의 특정한 단백질을 만드는 데 쓰일 수도 있다.

일단 과정이 여기까지 완료되면 mRNA와 DNA는 눈물의 작별 인사를 나누고, mRNA는 자신에게 주어진 사명을 이행하기 위해 핵을 떠난다.

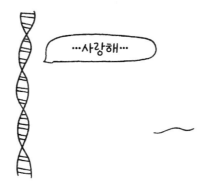

외부 현실세계, 즉 세포의 주된 부분이라 할 수 있는 핵 바깥쪽에서

mRNA는 리보솜을 찾는다. 리보솜은 아주 작은 세포 기계인데 실제로 단백질을 생성하기 위해서 mRNA와 결합한다. 리보솜들은 mRNA의 염기서열을 유전암호에 따라 '해독'함으로써 이런 일을 한다.

번역: 하나의 리보솜이 하나의 단백질을 생성하기 위해서 한 가닥의 RNA 염기서열을 해독하고 이용하는 과정.

유전암호라는 말은 매우 진지하고 과학적으로 들린다. 하지만 안심하라. 이것은 실제로 상당히 간단하다(좀 둔한 편이 아니라면). 유전암호는 mRNA가 단백질로 번역되는 방법에 적용되는 규정집이다. 정말, 그게 전부다. 그저 규정 목록일 뿐이다. 리보솜은 mRNA의 가닥을 따라 움직이면서 AGG, ACG, AUG와 같은 염기 3개의 조합인 코돈을 한 단위로 유전정보를 해독한다. 1개의 코돈은 1개의 아미노산(단백질의 구성 단위)을 대표한다. 단 '개시코돈'과 '종결코돈'이라 불리는 몇 가지는 예외다. 이것들이 무엇인지는 이름으로 정확하게 알 수 있다. 개시코돈은 리보솜에게 "멍생아, 여기서부터 시작해"라는 신호를 보낸다. 한편 리보솜이 UAA, UAG, 혹은 UGA와 같은 종결코돈에 다다르면 리보솜은 해독을 멈추고 단백질을 완성한다. 대단히 기쁜 일이다.

코돈codon: RNA에 들어 있는 염기 3개의 조합. 단백질들이 만들어질 때 코돈 1개는 아미노산 1개로 번역된다.

종결코돈stop codon: RNA 염기서열 중에 염기 3개로 된 '단어'. 리보솜에게 단백질 생성을 중지하라고 지시한다.

▶━━◀┃┃┃ DNA의 모든 것을 이토록 쉽고 재밌게 설명하다니!

다음은 유전암호가 실제 어떻게 생겼는지 알려주는 표다.

유전암호	
mRNA 속 글자들	**아미노산**
GCU, GCC, GCA, GCG	알라닌Alanine
CGU, CGC, CGA, CGG, AGA, AGG	아르기닌Arginine
AAU, AAC	아스파라긴Asparagine
GAU, GAC	아스파르트산Aspartic Acid
UGU, UGC	시스테인Cysteine
GAA, GAG	글루타민산Glutamic Acid
CAA, CAG	글루타민Glutamine
GGU, GGC, GGA, GGG	글리신Glycine
CAU, CAC	히스티딘Histidine
AUU, AUC, AUA	이소류신Isoleucine
UUA, UUG, CUU, CUC, CUA, CUG	류신Leucine
AAA, AAG	리신Lysine
AUG	메티오닌Methionine
UUU, UUC	페닐알라닌Phenylalanine
CCU, CCC, CCA, CCG	프롤린Proline
UCU, UCC, UCA, UCG, AGU, AGC	세린Serine
ACU, ACC, ACA, ACG	트레오닌Threonine
UGG	트립토판Tryptophan
UAU, UAC	티로신Tyrosine
GUU, GUC, GUA, GUG	발린Valine
AUG	시작!
UAA, UGA, UAG	에구구, 중지!

　유전암호는 DNA와 매우 비슷하다. 그 자체로는 사실 따분하기 짝이 없지만, 우리가 보고 행하는 모든 일에는 문자 그대로 유전암호가 관여한다. 만약 우리가 빛 수용체들을 작동시키는 단백질을 갖고 있지 않았다면 우리 눈은 그 역할을 하지 못했을 것이며, 뇌와 근육을 활성화하는 단백질을 가지고 있지 않았다면 우리는 일하거나 생각할 수 없었을 것이다.

　유전암호는 우리 인간에게만 특정된 것은 아니다. 살아 있는 모든 것은 유전암호를 사용한다. 어쩌면 유전암호야말로 우리가 만장일치로 수긍할 수 있는 유일한 대상이 아닌가 싶다. 당신이 핵을 갖고 있든 말든, 단세포 알갱이이든 다세포 무더기이든, 당신이 산소로 숨을 쉬든 산소에 중독되든 상관없이 당신은 유전암호를 사용하지 않고는 배길 수 없다. 38억 년 전쯤 최초의 세포가 후다닥 출현한 이래로 그래왔던 것이다.

　DNA의 모든 것을 이토록 쉽고 재밌게 설명하다니!

이제 생명의 의미, 즉 유전암호에 대해 알았으니 한결 충족감과 세상 이치를 아는 기분이 드는가? 아니라고? 그럼 아이스크림을 좀 먹어보자. 나한텐 이 방법이 언제나 통한다.

유전자 이름 정하기

AATCGCTAGCGATACGATCGTACGTAGCTA
GCGCGCGACGCACGACGACGACGACACGAC
GGACGACGTACGTAGCTAGCTGACTGATCG
ACGACGACTAGCATCGAGCAGCTGATGCGC
GATGCTACGTAGCTAGTCACGACGACTACA
CGACGACTACGACGCATACG

　짠, 유전자 1개다! 뭐, 매우 짧은 가상의 유전자이긴 하지만 말이다. 그냥 자판에서 A, T, C, 그리고 G 위에 손가락을 1개씩 올려놓고 신나게 눌렀을 뿐이다. 이렇게 만들어진 특정 유전자가 실제로 어떤 쓸모 있는 것을 암호화하리라고는 생각하지 않는다.

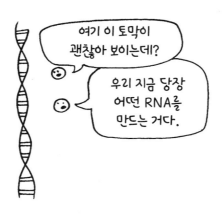

▷▷▷◁◁◁◁ DNA의 모든 것을 이토록 쉽고 재밌게 설명하다니!

하지만 진지하게, 이 시점에서 우리는 단일 유전자가 실제로 무엇인지에 대해 이야기하는 것이 바람직할 것 같다. 유전자란 당신의 세포가 RNA를 만드는 DNA의 일부분이다.

이 개념을 달리 표현하면, 유전자란 특정 RNA 및/또는 단백질을 만들기 위한 지령을 가지고 있거나 혹은 이를 위해 지령들을 암호화하는 DNA의 한 부분이라 말할 수 있다. 나는 RNA 부분은 빼고, 하나의 유전자는 하나의 단백질을 만드는 데 필요한 명령들을 가지고 있다고 말하려고 했지만 정확하지는 않다.

일부 DNA는 단백질을 만드는 데 익숙해지지 않는 RNA를 위해 암호화한다. 이에 관한 좋은 예가 단백질 합성을 돕는 구조물인 리보솜이다. 약간 복잡하게 뒤틀린 형태의 리보솜의 주된 재료가 RNA인 것이다. 그러니까 단백질을 만들기 위해 RNA가 RNA를 해독하게 되는 셈이다. RNA들은 정말 부지런한 일꾼이 아닐 수 없다.

실화라니까!

리보솜들은
강아지 장난감처럼 생겼어.

우리 인간들은 2만~3만 개의 유전자를 가지고 있다(우리는 아직도 정확한 개수를 알지 못한다). 하지만 우리가 실제로 유전자들을 세기 시작하기 전부터 대부분의 과학자들은 우리가 10만 개 이상의 유전자를 가지고 있다고 여겼다(알다시피 우린 진짜 끝내주는 존재니까). 애석하게도 우리는 그렇게나 많이 갖고 있진 않다. 우리는 우리가 생각하는 것만큼 그렇게 멋지지는 못하다. 게다가 DNA의 상당 부분은 사실 그 어떤 것도 암호화하고 있지 않으며, 그저 느긋하게 쉬면서 빈둥거릴 뿐이다. 이에 대해서는 뒤에서 다시 말하겠다.

유전자는 그 기능에 따라, 혹은 유전자가 작동하지 않을 때 나타나는 장애, 즉 '유방암 유전자' 같은 식으로 이름이 붙여진다. 사실 유방암 유전자 밑으로 몇 가지 다른 유전자들이 존재한다. 어찌나 창의적인지, 그중 하나의 이름은 '유방암1(BRCA1) 초기 발병'이라 불린다.

유전자들은 주기율표의 원자들처럼 이름과 기호를 가지고 있다. 멋진 상형문자나 시각적 기호는 아니고, 글자를 줄이거나 대개 거의 약어 형태로 되어 있다. 유방암의 1번 유전자 기호는 BRCA1이다. BR(가슴을 뜻하는 breast) +CA(암을 뜻하는 cancer) +1(1유형). 마치 우리가 더 많은 약어를 필요로 했던 것처럼! 하지만 숫자로 된 이름들은 더 나쁠 것이다.

"이봐, 올가, 그 분리된 19,345번 유전자 갖고 있지? 저기 내 작업대에 그거 필요해."

"네가 19,345번 필요하다는 줄 알았잖아, 젠장!"

한 사람이 가지고 있는 전체 유전자 세트를 게놈이라고 부른다. 이는 당신의 모든 지령들을 담은 안내서인 셈이다. 당신의 모든 세포들은 모두 복사본을 가지고 있다. 세포들이 게놈 전체를 해독하지는 않지만, 당신의 간에 있는 세포들은 간 세포 부분만 읽고, 근육 세포들은

⊷⊷⊷⊷⊷ DNA의 모든 것을 이토록 쉽고 재밌게 설명하다니!

근육 부분만, 그리고 췌장 세포들은 췌장 부분만 읽는다. 당신은 그저 하나의 작디작은 세포였을 때부터 줄곧 당신이 만드는 각각의 새 세포에게 게놈의 완벽 복사본을 하나씩 배부해 온 셈이다. 그 태초의 세포가 너무나도 순조롭게 이 모든 일을 다 완수해 왔다는 것이 놀라울 따름이다.

요즘 통용되는 유전자 작명 관례들을 검토하다가 특정 염색체에 있는 유전자의 위치가 그 이름에 영향을 미치지 않는다는 사실에 깜짝 놀랐다. 나는 유전자 이름이 그 유전자의 게놈상 위치를 어느 정도 나타내 줄 거라고 기대하고 있었던 것이다. 하지만 이것은 내가 결정할 일이 아니다.

누구에게 책임이 있는지 아는가? 바로 휴고다. 휴고는 사람이 아니라 국제 인간 게놈 기구(the Human Genome Organisation, HUGO)다(혹시나 지적 호기심이 있는 사람이 있을지도 몰라 소개한다). 그리고 유전자 이름들을 짓는 것은 휴고 유전자 명명법 위원회(HUGO Gene Nomenclature Committee), 즉 HGNC 소관이며, 그 구성원들은 인간 유전학을 전문으로 하는 69개국의 과학자들이다. 보통 사람들은 HGNC가 비타민 파는 회사라고 생각할 게 분명하다.

DNA 구조를 발견하기까지

대대적인 DNA 발견들에 관해 대부분의 사람들은 왓슨과 크릭을 떠올린다. 그들은 1953년에 DNA 구조 모형을 공개하는 논문을 발표한 사람들이다. 굉장한 뉴스였다. 하지만 나는 바로 그 1년 전인 1952년(산수라 고마워!)에, 누군가가 DNA가 각각의 생명체를 그 생명체답게 만들어 주는 유전물질이라는 것을 보여주는 실험을 하고 있었다는 놀라운 사실을 발견했다. 여러분은 이렇게 생각할 것이다. 왓슨과 크릭이 DNA의 구조를 알아내는 데 많은 시간을 할애했다면, DNA가 무엇을 위한 것이고 세포 안에서 하는 일이 무언지 단서를 얻었을 거라고 말이다.

아니다. 그때까지만 해도 대부분의 과학자들은 DNA가 아니라 단백질이 세대를 거쳐 전달되는 유전물질이라고 생각했다. 그들은 생명체를 만드는 데 필요한 모든 지령을 받기 위해 필요한 정보의 양이 DNA 같은 물질에는 도저히 저장될 수 없으며, 고도의 복합체이자 비정상적인 구조를 지닌 단백질이 우리처럼 이렇게 복잡다단한 조립 상품을 위한 매뉴얼이 될 수밖에 없다고 판단했다. 과학자들은 DNA가 그 역할을 하기엔 너무 단순한 구조라고 생각한 것이다. 에구, 이런 오해를 받다니 불쌍한 DNA.

그렇다면 우리는 어떻게 마침내 DNA가 실제로 유용하다는 것을 알

▷━━◁▥▥ DNA의 모든 것을 이토록 쉽고 재밌게 설명하다니!

게 되었을까? 박테리아와 바이러스 덕분이다. 정말이다.

바이러스는 생물을 감염시키는 재능이 뛰어나다. 그들은 스스로 세포에 흡착하여 세포 안으로 들어가서 세포를 접수한다. 이런 꼴통들! 그 당시에 과학자들은 바이러스가 어떻게든 그 세포들을 변화시키고 있다는 사실까지는 파악하고 있었다. 하지만 그들이 그렇게 하기 위해 어떤 방법을 쓰고 있는지는 몰랐다. 바이러스들이 세포들을 장악하기 위해 세포들 안으로 주입한 것이 DNA일까? 아니면 단백질일까?

초강력 실시간 현미경이 아니고서는 미시적 관점에서 무슨 일이 일어나고 있는지 알아내기는 곤란하다. 1952년에는 그런 현미경들이 다소 부족했다. 사실상 암흑기였다, 사람들이 핸드폰조차 가지고 있질 않았으니.

바이러스Virus: 단백질 껍질로 둘러싸인 한 조각의 핵산(DNA일 때도 있고 RNA일 때도 있다).

그럼 당신이라면 박테리아, 바이러스, 단백질, 그리고 DNA가 사는 세상, 그러니까 실제 눈에 보이지 않는 그 작은 세계에서 대체 무슨 일이 일어나고 있는지 어떻게 알아내겠는가? 방사성 표지를 달면 된다.

앨프리드 허시와 마사 체이스는 박테리아를 감염시키는 바이러스들을 방사성동위원소들이 담긴 여러 용기에 배양했다. 이런 바이러스들을 파지라고 하는데, 영어로는 페이지phage로 책장을 의미하는 페이지 *page*와 비슷하게 들린다. 한 실험은 방사성동위원소 황이 들어 있는 배지에 배양했고, 다른 실험은 방사성동위원소 인이 들어 있는 배지에 배양했다. 왜 황하고 인일까? 자, 황은 파지가 생성하는 단백질에 결합하려고 하고, 인은 파지의 DNA에 결합하려고 하는 성질이 있다. 따라서 우리가 지금 가지고 있는 것은 두 그룹의 바이러스인데, 하나는 방사성 단백질을 가지고 있고 다른 하나는 방사성 DNA를 가지고 있다.

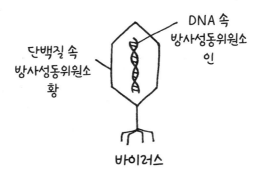

이제 그들은 자신들이 만든 이상하고 빛나는 바이러스 수프로 무엇을 했을까? 그들은 이 수프에 엄청난 양의 박테리아들을 집어넣어서 바이러스에 감염시켰다. 이 가엾은 박테리아는 가망이 없었다. 박테리아들은 들어가는 순간 산사태처럼 밀려드는 바이러스들에 잠식당할 뿐이었다. 허시와 체이스는 이 바이러스들에게 충분히 여러 번, 가능한 많은 양의 박테리아들을 제공해서 감염시키게 했다. 그 후 그들은 이 두 가지 서로 다른 혼합물을 분쇄기에 따로 넣고 돌려서 박테리아에 침투하지 못한 바이러스를 분리해 냈다.

그다음 단계로 그들은 세상에서 가장 격렬한 회전목마, 즉 원심분리기 안에 박테리아들을 넣고 돌렸다. 그리고 그 박테리아들을 한쪽에

담아 두고 바이러스들로 인한 방사성 DNA 혹은 방사성 단백질 함유 여부를 살펴보았다. 원심분리기는 시험관이 여러 개 꽂혀 있는 원판을 보통 1분에 수만 번 회전시킨다(회전 속도의 단위 아르피엠rpm을 언급하지 않았음을 알린다. 약어 사용을 반대하기 위해서!) 그러면 혼합물의 가장 무거운 부분은 맨 밑으로 가라앉아 덩어리를 형성한다. 허시와 체이스는 시험관 바닥에 있는 박테리아 덩어리를 검사하여 방사성 단백질이나 방사성 DNA가 있는지 확인했다.

그들이 발견한 사실은 다음과 같다. 방사성 단백질을 함유한 바이러스 집단은 박테리아 안에 그 어떤 방사성 물질도 보여주지 않았다. 모든 방사성 단백질들이 아직 바이러스들과 함께 존재한 것이다. 방사성 DNA 집단에서는 모든 방사성 물질들이 박테리아 안에 응축되어 있었다. 이 결과는 바이러스들이 단백질이 아니라 DNA를 박테리아 속에 주입했음을 의미했다. 이 실험을 통해 우리의 유전정보 및 바이러스가 세포를 감염시키는 데 필요한 정보를 저장하는 힘을 가진 분자는 단백질이 아니라 DNA라는 게 증명되었다. 이게 다 DNA 때문이라니. 이 모든 과정은 현재 허시와 체이스의 실험으로 불린다. 허시와 체이스? 상당히 멋진 밴드 이름 같기도 하고, 아니면 어떤 초콜릿 범벅 디저트 이름 같기도 하다.

DNA가 실제 어떻게 생겼는지에 대한 발견은 그로부터 딱 1년 후에 이루어졌다. 많은 사람들이 이 난제에 매달려 있었다. 제임스 왓슨이 런던대학 킹스칼리지에서 연구 중인 그의 친구 모리스 윌킨스를 방문하던 중 일이 벌어졌다. 거기서 왓슨은 로절린드 프랭클린이 X선 결정학을 이용하여 찍은 사진을 언뜻 보게 되었다. 로절린드는 무엇보다도 보통 촬영술에 필요한 평범한 빛 대신 X선을 이용해서 DNA의 사진을 찍고 있었다. 그녀는 연구를 하느라 너무 오랜 시간 X선에 노출되는 바람에 서른여덟의 나이에 난소암으로 죽었다. 과학계에서 우리는 그녀의 이야기를 '우울 제조기'라 부른다.

왓슨은 X선 결정학에 대해서 꽤 많이 알고 있었으므로 그 사진을 보고 DNA 설계의 퍼즐을 푸는 데 필요한 모든 정보들을 얻었다. 그와 프랜시스 크릭은 세부적인 것들을 맞춰 나갔으며, DNA의 모형을 조립하여 그들의 결실을 공개하게 되었다.

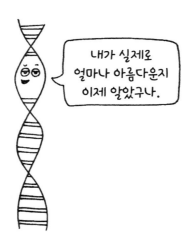

1962년에 제임스 왓슨, 프랜시스 크릭, 그리고 모리스 윌킨스는 DNA 구조의 발견으로 노벨상을 공동으로 수상했다. 로절린드 프랭클린은 공동 수상자에 끼지 못했다. 왜냐하면 원칙적으로 노벨상은 사후에 받을 수 없고, 최대 3명까지 공동 수상할 수 있기 때문이다. 하지만

⤛⫘⫘ DNA의 모든 것을 이토록 쉽고 재밌게 설명하다니!

그녀는 그저 자신이 수행한 연구 때문에 죽었다. 왓슨과 크릭의 업적에 정말 없어서는 안 될 그 연구 때문에. 너무나도 참담할 따름이다.

이에 나는 로절린드 프랭클린의 과학적 탁월함과 끝내주는 결정학에 대한 공로로 그녀에게 생물학자 비어트리스상을 수여한다. 나는 이런 사소한 제스처가 과학적 발견에 관한 이런 이상한 이야기의 오류들 중 몇 가지를 바로잡을 수 있길 바랄 뿐이다. 멋져요, 로절린드! (이럴 때 나는 상상 속에서 그녀와 주먹을 맞대고 인사하곤 한다.)

당신은 돌연변이체

우리는 모두 돌연변이체다. 돌연변이로 슈퍼파워를 갖게 된 그 엑스맨과 친구들 같은 좋은 이미지든, 잘못 자리잡은 눈구멍 혹은 가외로 붙은 부속물들을 연상시키는 부정적인 이미지든 돌연변이라는 단어가 지닌 감정적 짐들을 모르는 건 아니다. 하지만 아무리 사소한 것이라도 돌연변이를 지니고 있다면 누구나 돌연변이체라고 간주될 수 있다. 파란 눈은 눈동자 색소의 유전자에 생긴 돌연변이에 지나지 않는다. 이것이 나를 돌연변이체로 만든 게 틀림없다.

DNA 안의 어떠한 변화라도 돌연변이가 된다. 염기 한 짝 바뀐 정도의 미미한 변화도 돌연변이가 될 수 있다. 염기 한 짝이 염기서열에서 완전히 제거될 수도 있고, 다른 염기로 바뀔 수도 있고, 또는 엉뚱한 곳에 끼어 들어갈 수도 있다. 만약 뭔가 다른 경우, 예를 들어 티민(T) 하나가 구아닌(G)으로 바뀌었다고 가정해 보자. 그렇게 큰 문제가 아닐지도 모르겠지만, 만약 하나의 염기가 완전히 제거되거나 삽입된다면 심각한 손상을 불러일으킬 수 있다.

돌연변이Mutation: DNA상의 어떤 변화. 글자 하나 정도로 아주 사소한 변화일 수도 있고, 마디 하나가 결실되거나 추가로 삽입될 수도 있다.

DNA의 모든 것을 이토록 쉽고 재밌게 설명하다니!

단순히 글자 하나가 더해지거나 빠질 뿐인데 왜 그렇게 큰 변화를 야기하는 것일까? 자, DNA 염기서열이 mRNA 가닥을 만드는 데 이용되고, mRNA가 단백질을 만드는 데 이용될 때, DNA는 코돈이라는 염기 3개짜리 마디를 단위로 해독된다. 만약 당신이 거기에다 염기 하나를 삽입한다면 그 염기 다음에 오는 코돈 하나하나를 모두 엉망으로 만들어 버리는 셈이다. 이런 상황을 프레임 시프트라고 한다. 자세히 살펴보기로 하자.

당신의 DNA 염기서열이 다음과 같다고 해보자.

A A T T G G C C C G G A A C T

이 염기서열에 상보적으로 결합하는 mRNA 염기서열은 이렇게 될 것이다.

U U A A C C G G G C C U U G A

mRNA가 핵에서 나오면 단백질을 만들기 위해 세포 안에서 리보솜과 결속한다. 리보솜은 세 글자 단위로 mRNA의 염기서열을 해독하므로 리보솜 눈에는 이렇게 보인다.

U U A A C C G G G C C U U G A

류신, 트레오닌, 글리신, 프롤린, 정지.

만약 우리가 처음 DNA 염기서열의 네 번째 자리에 글자 하나를 추가할 경우, 어떻게 완전히 달라지는지 확인해 보자.

A A T **C** T G G C C C G G A A C T

mRNA는 별반 다를 게 없다.

U U A **G** A C C G G G C C U U G A

하지만 코돈을 보면 문제는 심각하다.

U U A **G** A C C G G G C C U U G

류신, 아스파르트산, 아르기닌, 알라닌, 류신

거 봐라, 첫 번째 아미노산 이후 모든 것이 변해 버렸다. 이제 우리는 완전히 다른 단백질을 갖게 되었다. 무슨 짓을 한 거냐고?!

유전자를 완전히 망가뜨리는 가장 좋은 방법은 정상 코돈 하나를 종결코돈으로 바꾸는 것인데, 실제로 일어나는 일이다. 당신이 약 1,000개의 아미노산으로 된 커다란 단백질을 만드는 중이라고 상상해 보자. 리보솜이 따라붙어서 차례로 코돈을 해독하고, 줄줄이 아미노산을 더해 가고 있다. 하지만 501번째 코돈에 도달했는데 그 코돈이 돌연변이로 인해 트립토판을 암호화하는 UGG에서 종결코돈인 UGA로 바뀐 후였다. 리보솜은 이것이 오류라는 사실을 알 길이 없으니, 종결코돈을 맞닥뜨리고는 mRNA의 입장에서 자신의 임무를 완수한다. mRNA는 퇴근 카드를 찍고 집으로 향한다. 하지만 우리는 예상 길이의 반밖에 안 되는 단백질을 울며 겨자 먹기로 떠맡는다. 그러니까 이것은 앞에서 이미 들은 이야기다. 글자 하나 차이가 끔찍한 돌연변이 단백질을 야기할 수 있다는 것 말이다. 때때로 정말 간단하게 돌연변이가 발생한다.

기능성 단백질

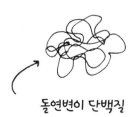

돌연변이 단백질

⟊⟊⟊⟊⟊ DNA의 모든 것을 이토록 쉽고 재밌게 설명하다니!

그리고 이것들은 염기 한 짝 정도의 변화로 생길 수 있는 돌연변이체들일 뿐이다. DNA의 어떤 부분이 게놈의 한 지점에서 다른 지점으로 이동할 수 있는 경우가 있다. 게놈 주변에서 무작위로 옮겨 다니는 이 유전자들을 일컫는 용어까지 있는데, 바로 '점핑 유전자'라고 한다. 바이러스들 역시 DNA의 부분들 사이에 삽입되어 우리 게놈에 침투할 수 있다. 또한 박테리아도 그렇게 할 수 있다.

돌연변이체들은 무작위적으로 나타나는 경향이 있다. DNA가 복사될 때 오류가 생길 수 있고, 태양광에 노출되면 DNA에 변이가 일어날 수 있다. 방사선과 몇몇 화학 물질들도 그렇다. 과거 불쑥 나타나던 돌연변이체들은 발달 과정상 아주 굉장한 현대적인 특징들을 이끌어냈다. 직립보행, 큰 두뇌, 그리고 비디오 게임을 잘하는 능력 등등 그런 특징들 말이다. 푸른 눈, 붉은 머리카락, 혀를 말지 못함과 같은 몇몇 돌연변이체들은 종들의 생존 측면에서 전혀 중요하지 않지만 그럼에도 비율상 그대로 존재한다. (경우에 따라서는 생식적인 의미에서 '성적' 가치를 제공하기 때문에.) 그리고 안타깝게도, 몇몇 돌연변이체들은 상당히 심각하다. 낫 모양 적혈구 빈혈증, 낭포성섬유증, 그리고 근디스트로피증과 같은 유전적 질병들은 몇몇 중요한 유전자들에서 생긴 겨우 몇 가지 변화로 말미암아 발병된다.

1개의 유전자와 1개의 단백질에 생긴 단 하나의 변화조차도 놀랄 만한 결과를 초래할 수 있다. 몇 년 전 연구자들은 파키스탄의 거리 공연자인 열세 살짜리 남자아이를 보고 당황하지 않을 수 없었다. 그는 팁을 받고 싶은 마음에 여러 개의 칼로 자기 몸을 찌르고 있었다. 알고 보니 그 아이는 단 1개의 유전자에 돌연변이를 갖고 있었는데, 바로 신경들 안에서 기능하는 단백질과 관련된 유전자였다. 그의 돌연변이 유전자는 필요 이상으로 큰 단백질을 암호화했고, 이 단백질이 그의 신경들을 차단시켜 "아, 아파 죽겠어!"라는 신호를 뇌에 보내지 못하게 했던 것이다.

이런 돌연변이는 몇몇 다른 사람들에게서 발견되어 왔다. 이 사람들은 비정상적으로 몸을 조심하지 않으면 안 되었다. 만약 그들이 행여라도 자신의 상처를 보지 못하고 지나친다면 혹은 지나가는 사람이 그들을 가리키며 "실례합니다만, 당신 뼈가 피부를 뚫고 빠져나오려 하네요"라고 알려주지 않는 한 본인이 부상을 감지하지 못하기 때문이다. 희한하게 들리겠지만 당신이 발에 끔찍한 상처를 입은 것도 모르고 있다가 다음 날 발이 이미 감염되고 난 후 겨우 알아챘다고 상상해보라. 고통에는 분명 중요한 목적이 있다. 우리가 우리 스스로를 돌보도록 상기시켜 주고, 이에 실패하면 즉시 우리에게 그 사실을 알려주는 것이다.

만약 미래에 엑스맨들이 돌연변이체들과 '보통 사람들' 중에서 누가 평등권을 가질 자격이 있는지, 혹은 누가 '정상적'인지에 대해 논쟁한다면, 엄밀히 말해 우리 모두가 돌연변이체들이라는 사실을 기억하는 것이 현명하다. 그리고 돌연변이체는 문제될 게 전혀 없다. 그 이유는 우리 인류가 (지금까지) 아주 잘 대처해 왔기 때문이다.

우리는 특별하지 않아

앞에서 언급했듯이 유전자에 대해 배우기 시작했을 때 대부분의 연구자들은 우리가 10만 개 이상의 유전자를 가지고 있다고 확신했다. 정말이지 우리 인간의 놀라운 두뇌와 경이로운 존재감은 이 지구상에서 가장 많은 유전자를 가지고 있어야만 설명될 수 있었다. 그런데 번데기 앞에서 주름잡은 격이 아니고 뭔가. 포도만 해도 인간보다 많은 수의 유전자를 지니고 있으니 말이다.

내가 이겼다.

하지만 확실히 우리 인간은 어느 생명체보다 많은 단백질을 가지고 있는 것 아닌가? 아니다. 당연히 아니다. 인간이 대단한 존재가 아니라고 말하려는 게 아니다. 실제로 우리 인간은 육체적으로 그렇게 눈에 띄는 정도가 아니며, 우리의 게놈 및 프로테옴(우리가 생성할 수 있는 단백질들의 총집합)이 비교 경쟁에서 1위를 차지하는 것도 아니다. 그렇다고 자존심 상할 것까지는 없다. 틀림없이 당신은 최고급 독서 취향 같은 부문에서 상을 거머쥐게 될 테니까.

더욱이 우리 게놈의 상당 부분은 모든 생명체의 공통분모인 일상적인 세포 활동들과 관련되어 있다. 박테리아든 버섯이든 소나무든 유인원이든 세포는 에너지를 얻고, 노폐물을 추출하고, 단백질을 만들어야 한다. 이런 이유로 인간의 게놈 중 눈에 띄게 많은 부분이 대부분의 생물 게놈과 일치하는 것이다. 인간의 유전자 중 50퍼센트가 바나나와 똑같다는 말을 들어 본 적이 있는가? 그것은 사실이다. 바나나와 우리는 수많은 똑같은 일을 수행할 필요가 있기 때문이다.

우리 인간들은 스스로를 이 세계의 절대권력자, 진화의 끝판왕, 우주의 통치자인 양 여기곤 한다. 오히려 유전학과 비교 유전체학은 우리에게 제발 자기도취에 빠지지 말라는 가르침을 주곤 하는데도 말이다. 시간을 거슬러 올라가면 인간의 DNA는 인간일 리 만무한 우리 조

DNA의 모든 것을 이토록 쉽고 재밌게 설명하다니!

상들로부터 내려온 것이다. 우리의 게놈은 인간을 다른 종들과 구분 짓지 않는다. 오히려 정반대다. 우리는 우리 DNA로 말미암아 이 지구상의 다른 생명체들과 밀접하게 연관되어 있는 것이다.

서로 다른 종의 DNA를 비교함으로써 우리는 얼마나 오래전에 공통의 조상을 공유했는지 알 수 있다. DNA는 우리 과거에 대한 궁극적인 스크랩북과 같다. DNA에 우리의 모든 것이 들어 있다는 뜻이다. 당신의 모든 세포 하나하나에 들어 있는 진화론적 과거에 대한 아주 작은 미시적인 이야기에 잠시만 귀 기울여 보자. 당신의 몸에 스며드는 태초의 지혜를 느껴 보자. 그리고 달을 향해 소리쳐 보자. 아니면 그냥 벤치에 느긋하게 앉아 있어도 좋다. 마음 가는 대로 하면 된다.

게놈 속 쓰레기

우리 인간은 특별히 큰 양의 게놈을 가지고 있지 않다. 게다가 우리 DNA의 97퍼센트는 단백질을 만드는 데 이용되지도 않는다.

우리는 인간이 생성하는 단백질을 2만 개로 보고 그 단백질들을 위한 DNA 지령들을 합산함으로써 97퍼센트라는 비율을 도출했다. 그러니까 우리의 모든 단백질들을 생성하는 데 필수적인 DNA의 총량은 우리 전체 게놈의 겨우 3퍼센트에 해당한다는 것이다. 아주 많은 양 같아 보이진 않는다. 그렇지 않은가?

이것이 처음 발견되었을 때, 게놈의 나머지 97퍼센트는 아무것도 하지 않는 것처럼 보였기 때문에 별 뜻 없이 '정크 DNA'라고 불렸다. 다시 한번 우리는 우리 인간이 이따금씩 품는 자기도취를 이해해야

　 DNA의 모든 것을 이토록 쉽고 재밌게 설명하다니!

필요가 있다. 이렇듯 비암호화 DNA가 무슨 일을 하는지 알지 못했기 때문에 누군가 이런 DNA는 전혀 쓸모없으므로 '쓰레기' 취급한 것이다. 후유. 만약 뭔가가 당장 이해되지 않는다면 십중팔구 그것은 중요하지 않으니까 넘어가도 되는 것 아닐까? 그렇긴 그렇지만.

나는 고등학교 때부터 이미 '정크 DNA'라는 개념이 약간 수상하다고 생각했다. 그래서 최근 10~15년 동안 이 비암호화 DNA의 여러 기능들에 대한 정보들이 자꾸만 수면 위로 드러날 때마다 회심의 미소를 지으며 약간 "내 이럴 줄 알았어"라는 투로 "역시나!"라고 생각했다.

모든 생명체들이 '정크 DNA' 같은 잉여 DNA를 가지고 있다는 사실을 짚고 넘어가야겠다. 드디어 우리는 '정크'라는 말이 DNA를 부적절하게 깎아내리는 말이라는 것을 알았으니, 이제부터는 이것을 비암호화 DNA라고 지칭할 것이다. 예를 들어 박테리아는 이 비암호화 DNA를 가지고 있지 않다. 막강한 효율성을 자랑하는 이 작은 녀석들은 실제로 자신의 모든 DNA를 사용한다. 그들의 게놈은 우리 것보다 훨씬 작아서 비암호화 DNA라는 광활한 구획을 감당할 만큼의 저장 공간을 갖고 있지 않다. DNA를 저장할 핵조차 가지고 있지 않다. DNA가 세포의 넓은 구획 안에 그대로 노출되어 있는 것이다. 우리가 비암호화 DNA를 지니고 있다는 발견이 부정적 견해와 무용한 추정들과 부닥쳤던 이유가 이 때문이다. 박테리아 유전학에 대해 더 알게 된 뒤, 우리가 사용하지도 않는 많은 DNA를 가졌다는 사실이 엄청나게 비효율적으로 여겨졌을 것이다. 어쩌면 과학자들은 박테리아의 유전학에 시기심을 갖고 있지 않았을까.

우리는 아주 효율적이라고!

이 퍼즐에 들어맞는 또 다른 조각이 있다. 게놈의 3퍼센트만이 단백질에 대한 지령들을 가지고 있다고 말하면서, 우리는 거기서 RNA를 암호화하고 멈춰 있는 DNA의 여러 구간들을 무시하고 있다. 다시 말해서 RNA는 단백질 생성의 안내자 역할을 하려고 핵을 떠나지 않는다는 것이다.

게놈의 85퍼센트가 오로지 약 5만 5,000개의 다양한 RNA 분자들을 만들어 내기 위한 유전자들을 가지고 있다는 사실이 밝혀졌다. 이는 우리가 생성하는 단백질의 거의 세 배에 이르는 양이다. 이 독립적인 RNA 녀석들을 암호화하는 유전자들은 비단백질 암호화 유전자라고 불린다.

일단 만들어진 이 모든 RNA 분자들이 실제 어떤 일을 하는지에 대해서 과학계에서는 아직도 (열띤) 논쟁 중이다. 몇몇 RNA들은 전적으로 쓸모가 없을지도 모른다. 이 RNA들은 DNA의 한 구획에서 만들어진 후 곧 파괴될지도 모른다. 하지만 다른 RNA들은 게놈의 나머지 부분을 조절하는 데 대단히 중요한 역할을 한다.

이제 우리는 비암호화 DNA와 비단백질 암호화 DNA의 기능 중 하나가 암호화 DNA를 조절한다는 사실을 확실히 알게 되었다. DNA

⊱⊰⊱⊰⊱⊰ DNA의 모든 것을 이토록 쉽고 재밌게 설명하다니!

가 RNA로 전사되어, 즉 베껴져서 그 DNA가 실제로 이용될 때, 우리는 그 유전자가 발현되는 중이라고 말한다. 유전자들 사이사이 비암호화 DNA 토막들은 실제로 정크 DNA가 아니라 암호화 DNA의 유전자 발현을 조절한다. 그러니까 오히려 우리가 쓸모없다고 여겨온 이 틈새 DNA가 어떤 면에서는 게놈의 가장 중요한 부위인 셈이다. 특정 단백질들을 암호화하는 실제 유전자들은 그 자체로 물론 중요하지만, 이 유전자들이 발현되어 실제로 제때 제자리에 단백질을 만들어 내는 것이 모든 것을 작동하게 하는 것이다.

전사Transcription: 한 단위의 DNA 염기서열에 따라 한 가닥의 RNA가 생성되는 과정.

인간의 발달 과정에서 호르몬들이 엉뚱한 때에 엉뚱한 곳에서 나타난다고 가정해 보자. 내 말은, 몇몇 호르몬들은 "뇌는 이쪽이야"라는 표지판으로서 기능한다는 것이다. 농담이 아니다. 그렇기 때문에 만약 이런 네온사인 표지판들이 엉뚱한 곳에 위치하거나 엉뚱한 때에 발현된다면 굉장히 처참한 결과를 초래할 수도 있다.

혹은 손발톱에 대해서 생각해 보자. 몸을 긁는 이 도구들은 단백질로 구성되어 있으며 당신의 손가락과 발가락 끝부분에서만 모습을 드러낸다. 만약 엉뚱한 유전자들이 발현되는 바람에 갑자기 당신의 모낭이 부드럽고 가는 머리카락을 만들지 않고 대신 당신 몸 전체에 손발톱들을 만들기 시작한다면 그 상황이 얼마나 불쾌할지 생각해 보라. 웃어넘길 일이 아니다. (이런 일이 누군가에게 실제로 일어나기도 했으니.)

부적절한 유전자 발현을 다루는 의학적 이상에 대한 설명만으로 책 한 권을 낼 수 있다. 그러니 나는 믿거나 말거나 같은 투어에 데려갈 생각은 없다. 하지만 당신이 유전자 자체의 결과만큼이나 유전자 발현이 중요한 이유를 알게 되었으리라 믿는다. 연애할 때도 그렇지만 수플레를 구울 때도 타이밍이 생명이다.

유전자 창고

믿거나 말거나, 당신의 세포들은 DNA가 얼마나 중요한지 정말로 이해하고 있으며 (막연하게 이해한다는 단어를 쓰긴 했지만, 세포들은 사색가보다는 행동가에 가까우므로) 여기저기 사소한 문제들로부터 DNA를 보호하기 위해 자신들이 할 수 있는 일을 수행한다. DNA는 이용되고 있지 않을 때에는 최대치로 보호받을 수 있는 배열로 저장된다. 여기서 이용된다는 말은 복사되거나 RNA로 전사됨을 의미한다. 이렇듯 DNA를 보호하기 위한 배열을 염색체라고 한다.

염색체Chromosome: 단단하게 꼬인 DNA로 만들어진 구조체.

DNA 자체는 매우 가는 실처럼 생긴 분자다. 그것을 작고 안전한 배열로 만들기 위한 첫 번째 단계는 히스톤이라고 불리는 단백질로 감싸는 것이다. 실패에 감긴 실처럼 DNA는 히스톤에 둘둘 감긴다. 염색체 형성을 위한 다음 단계는 이 히스톤들을 보기 좋게 나선형으로 하나씩 차곡차곡 쌓아 올리는 것이다. DNA를 감고 있는 굉장히 많은 양의 이런 히스톤들이 바로 우리 모두가 익히 알고 있고 대단히 좋아하는 그 유명한 염색체 형태를 구성한다.

세포에 염료를 바르면 염색체가 많은 염료를 흡수하여 현미경으로 매우 쉽게 볼 수 있다는 사실에서 염색체라는 이름이 붙여졌다. 염색체는 영어로 크로모솜이라고 하는데 크롬*Chrom*은 '염색하다'를 뜻하고, 라틴어로 크로모솜*Chromosome*은 기본적으로 '염색된 어떤 것'을 의미한다.* 생물학에서 현미경으로만 볼 수 있는 수많은 대상은 그것을 최초로 관찰한 억수로 운 좋은 어떤 얼간이에 의해 이름이 붙여진다. 그래서 주로 발견자 입장에서 제일 닮았다 싶은 것은 무엇이든 따서 대상들에게 이름을 붙여 준다.

세포는 영어로 셀*cell*이라고 하는데, 이 이름은 1600년대에 세포를 처음 발견한 로버트 훅이 세포들이 수도원에 있는 수도사들의 방을 닮았다는 생각에서 붙인 것이다. 그가 세포들에게 이름을 붙이면서 그 이름이 언제까지나 통용되리라는 것을 짐작했는지는 잘 모르겠다. 만약 그가 이 사실을 인지했더라면 세포들에게 좀 더 이국적이면서 로맨틱

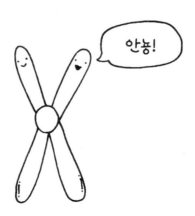

---

* 보충하자면, 크로모솜*Chromosome*은 색깔을 뜻하는 그리스어 '크로마chroma'와 몸을 뜻하는 '소마soma'의 합성어다. —감수자

▷━▷━◁▥▥ DNA의 모든 것을 이토록 쉽고 재밌게 설명하다니!

한 이름을 붙이지 않았을까? 안타깝지만 우리는 알 길이 없다.

어쨌든 보통 염색체들은 언뜻 보면 알파벳 X자 같은데 교차점 위아래로 서로 다른 길이의 팔들이 붙어 있는 모습으로 묘사된다. 이것은 실제로 세포가 분열되기 직전, 평소보다 두 배나 많은 DNA가 있을 때의 염색체 모습이다. 헝클어진 긴 DNA 가닥들이 사방에 드리워져 있는 것과 반대로 염색체 구조 속에 DNA를 저장할 때의 이점은 새로운 세포가 하나 만들어질 때 세포가 훨씬 쉽게 2개로 갈라진다는 점이다.

DNA와 염색체와의 관계는 머리카락과 레게 머리 가닥의 관계와 같다. 레게 머리 가닥과 달리 염색체는 나중에 DNA의 개별 가닥들을 노출시키기 위해 그 꼬임을 풀기도 한다는 점만 제외하면 말이다. (레게 머리 스타일을 해본 적은 없지만 내가 이해하기로는 레게 머리는 가위 없이는 원상태로 돌아올 수 없다.)

다음은 세포 안에 있는 DNA의 대략적인 일정이다.

- 세포의 정규 업무부터 시작해 보자. 세포는 단백질 생성, 에너지 증가를 위한 당 대사, 그리고 세포 속 노폐물 제거와 같은 재밌는 일들을 한다. 작업이 진행 중일 때 DNA는 핵 속에 존재하는데, 마치 지저분한 DNA 토사물처럼 보인다.
- 잠시 후 세포는 자신의 복사본을 만들 때가 왔다고 결심한다. 거의 모든 세포들은 항상 복사본을 만드는데 몇몇 세포들은 다른 세포들보다 더 자주 만든다. 신속하게 나뉘는 세포들은 피부와 창자벽 같은 조직들 속에서 발견될 수 있다. 하지만 세포는 2개로 완전히 쪼개지기 전에 전체 DNA 안내서의 완벽한 복사본을 만들

필요가 있다. 그래야 분열 후 양쪽 세포들이 복사본을 1개씩 취할 수 있기 때문이다. 마지막 한 가닥의 DNA까지도 남김없이 모두 복제하기 시작하는 것이다.

● 준비가 다 됐으면 DNA는 염색체 형태로 응축하기 시작한다. 이제 우리는 평상시 DNA 양의 두 배를 확보한 상태이므로 각각의 염색체는 중간에 결합된 2개의 동일한 팔을 갖는다.

● 세포는 이제 분열될 준비를 거의 끝낸다. 핵막, 즉 핵의 외벽이 녹아서 사라지기 시작하고, 염색체들은 세포의 중앙에 일렬로 배열된다. 동일한 염색체 팔들은 뜯어져서 각각 세포의 반대편으로 이동한다.

● 이 세포는 중간의 조였던 부분이 끊어지면서 당신에게 동일한 새로운 세포 2개를 선사한다. 새로운 세포들은 각각 완벽한 DNA 지령을 한 세트씩 얻는다. 이 시점에서 세포들은 DNA를 염색체 형태 속에 가지고 있긴 하지만 더 이상 X자처럼 보이지 않는다. 염색체 스파게티일 따름이다.

● 이 2개의 새로운 세포들이 그들의 세포 업무를 재개하는 걸 돕기 위해서 DNA는 긴장을 풀고 염색체 형태의 꼬임을 푼다. 그래야 DNA가 RNA로 전사될 수 있고, 그래야 RNA가 세포로 하여금 단백질을 만들도록 하고, 세포다운 세포가 되게 할 수 있을 테니 말이다.

내가 방금 설명한 과정은 유사분열이라고 불리는 것이다. 세포가 스스로를 더 많이 만들기 위해 하는 일이다. 박테리아부터 완전한 인간

▷◁▷◁〜《Ⅲ DNA의 모든 것을 이토록 쉽고 재밌게 설명하다니!

까지 모든 생명체는 일정한 시점에 유사분열을 한다. 모든 세포가 항상 그렇다는 것은 아니다. 신경 세포들은 자기 자신을 더 많이 만드는 데 그리 뛰어난 편이 아니어서, 신경 세포가 파괴되면 좀처럼 복구되지 않는다는 말을 들어 본 적이 있을지도 모르겠다. 그렇지만 어마어마한 양의 세포들이 언제나 이 일을 수행하고 있다. 그들은 정말 그 일을 즐기는 것이다.

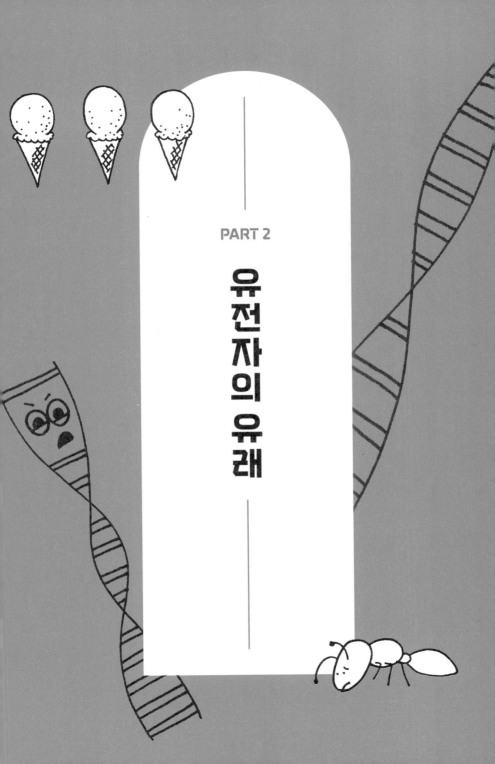

PART 2

유전자의 유래

성… 세포에 대해 말해 보자

세포가 분열하는 또 다른 방법이 있다. 이 방법은 당신을 위해 세포 개수를 늘리려는 게 아니라 아기를 위해 새로운 세포를 만드는 것이 목적이다. 아마도 성교육, 그리고 이른바 부적절한 수많은 농담들을 통해 남성은 정자를 만들고 여성은 난자를 만든다는 사실을 기억할 것이다.

정자나 난자를 만들기 위해서는 남성이냐 여성이냐에 따라 각각 흥미로운 도전을 하게 된다. 당신은 생식세포라고도 불리는 이러한 성세포들, 그러니까 당신 게놈의 딱 절반을 내어줄 필요가 있다. 그렇게 하여 정자와 난자가 만나면 둘이 결합하여 하나의 완전한 게놈을 갖게 된다. 반쪽 더하기 반쪽은 온전한 하나다(또 해냈다, 산수!).

하지만 보통은 원래 있던 반쪽을 줄 수 없다. 성세포들은 인간 게놈에 꼭 필요한 각각의 모든 개별적인 유전자의 복사본을 정확하게 한 벌 얻어야만 한다. 우리 모두는 사실 매 유전자마다 2개의 복사본을 가지고 있다. 멜라닌 색소의 유전자의 경우, 당신은 그 복사본을 2개 가지고 있다(당신이 알비노가 아니라면 말이다). 멋짐 폭발 유전자(방금 내가 지어냈다) 역시 당신은 이 유전자에 대한 복사본도 2개 가지고 있을 것이다.

당신의 눈 색깔을 결정하는 유전자들도 마찬가지다. 당신은 유전자들의 복사본을 2개 가지고 있다.

유전자마다 2개라니 어쩐지 과한 것처럼 들린다. 정말 과한 것일 수도 있겠지만, 이런 중복은 훌륭한 보호 장치로서 때때로 유용하게 쓰인다. 만약 당신이 잘못된 인슐린 유전자를 하나 얻어도, 아마 두 번째로 얻은 인슐린 유전자는 정상적으로 기능할 테니 얼마나 다행인가.

자, 여기서 내가 말하는 '복사'와 '복제'는 사실 똑같은 복사본을 만든다는 뜻이 아니다. 복사는 일반적으로 한 치의 오차도 없이 똑같이 베끼는 것을 의미하기 때문에 이 말에 오해의 소지가 있음을 익히 잘 알고 있다. 이 점 사과한다. 하지만 별나고 장난스러운 과학적 용어의 선택을 두고 나를 탓하지 않았으면 좋겠다. 당신이 이것을 뭐라고 부르든 간에 내게 복사본이란 찍혀 나오는 것들의 호, 판, 또는 세부항목을 의미한다. 멋짐 폭발 유전자의 '복사본 2개'를 가지고 있다는 것은(안타깝게도 실제로 존재하는 유전자는 아니다) DNA 속에 멋짐 폭발과 관련된 두 가지 기록이 존재한다는 말인데, 그 기록들은 같을 수도 있고 아닐 수도 있다.

어머니로부터 완전한 한 세트의 DNA를 받을 뿐만 아니라 아버지로부터도 완전한 한 세트의 DNA를 받기 때문에 당신은 중복된 한 세트의 DNA를 가진다. 부모는 각각 자신의 성세포를 통해서 DNA 세트를 당신에게 물려준다. 그러면 그 세트들이 어떻게 만들어지는지 알아보자.

당신의 게놈 전체를 갖는 당신의 보통 세포들부터 시작하자. 당신의 게놈은 분열에 대비하여 완벽하게 복사되었기 때문에 실제로는 평소 두 배 분량의 게놈이 들어 있는 상태다. DNA는 다루기 쉬운 염색체 형태로 응축되어 있다. 바로 이때 각 염색체는 그 사랑스러운 X자 모양으로 보인다. 각 염색체 가닥이 복사되어 한데 붙어 있기 때문이다.

염색체들은 세포 안에 비슷한 것끼리 서로 나란히 배열된다. 예를 들어 어머니 염색체 15번은 아버지 염색체 15번 옆에 나란히 위치할 것이다. 그리고 이 15번 염색체에는 눈동자 색과 관련된 유전자가 들어 있다.

이러한 염색체들의 쌍은 서로 갈라져 세포의 양 끝으로 당겨지면서 세포가 둘로 쪼개진다. 이 두 세포는 이제 각 염색체의 복사본을 하나만 가지고 있지만, 앞서 말한 동일한 염색체 가닥 2개를 가지고 있다. 이 염색체들은 각각의 세포 중앙에 배열되는데 이때 염색체의 가닥이 떨어져 나간다. 그러고 나서 세포들은 다시 한번 반으로 갈라진다.

이 모든 과정이 끝난 뒤 각각 평소 DNA 양의 절반을 지닌 4개의 세포를 갖게 된다. 이 세포들은 당신이 필요한 각 유전자의 복사본을 단 하나만 갖는다.

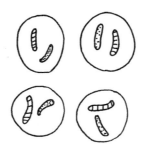

정자와 난자가 만날 때, 둘이서 만드는 새로운 세포를 접합체라고 하는데 이 세포는 자신에게 필요한 각각의 모든 유전자들의 복사본 2개씩을 물려받는다. 만약 이 모든 과정이 순조롭게 진행되면 이 새로운 세포는 계속해서 분열하기 시작한다. 그리하여 9개월 후 이 접합체는 하나의 완전한 생물…로, 아기로 자란다.

정자와 난자가 세포들을 만들기 위해 두 번 연달아 분열하는 전 과정은 감수분열 , 즉 마이오시스meiosis라고 불린다. 이는 유사분열과 비슷하게 들리는데, 둘 다 세포가 분열되는 과정을 수반하기 때문에 그렇다. 하지만 감수분열 과정에서는 4가지 다른 세포들이 DNA 평소 양의 절반을 지닌 4개의 서로 다른 세포들을 얻는다. 반면에 유사분열은 2개의 동일한 세포들을 얻을 뿐이다.

유사분열은 당신의 얼굴, 위장, 그리고 엉덩이 등 언제 어디서나 일어난다. 반면 감수분열은 남자의 고환, 그리고 여자의 난소, 이렇게 두 곳에서만 일어난다. 감수분열은 오직 아기에게 구성 분자를 만들어주기 위한 것이다.

당신이 엄마 아빠 양쪽에서 얻지 않는 유일한 종류의 DNA는 당신의 미토콘드리아 DNA다. 미토콘드리아는 당신의 세포 안의 작은 세포기관으로서 아데노신삼인산을 만들어 낸다(영어로 아데노신 트라이포스페이트adenosine triphosphate인데, 이를 줄여서 ATP라 한다). 세포들은 에너지를 저장하고 소비하는 데 이 ATP를 사용한다. 세포의 가솔린이라고 보면 된다. 사슬처럼 길게 연결된 탄소 원자들 사이 결합들이 자동차에 동력을 공급하는 것처럼 ATP는 깨질 수 있는 결합과 세포 내에서 사용되는 에너지를 가지고 있는 화학물질이기 때문이다.

당신이 세포 속에 가지고 있는 미토콘드리아는 전적으로 당신의 어머니로부터 물려받았다. 난자는 정상적으로 작동하는 인간을 만들기 위해 필요한 거의 모든 초기 부품들을 제공하기 때문이다. 정자도 미토콘드리아를 가지고 있지만, 난자와 정자가 만날 때 정자는 자신의

DNA의 모든 것을 이토록 쉽고 재밌게 설명하다니!

것을 난자에 전해 주지 않는다. 정자는 단지 어느 정도의 핵 DNA를 넘겨주고는 거기서 끝이다. 아마도 그 난자에게 닿기 위해 경주한 후라 너무 피곤한 탓이리라.

미토콘드리아는 철저히 모계 위주로 바통 터치가 되기 때문에 조상과의 관계를 밝혀내는 데 유용한 도구로 쓰일 수 있다. 정상적인 DNA는 무작위적이어서 우리가 그것을 아이들에게 물려줄 때, 짝이 안 맞는 접시 세트처럼 섞인다. 엄마로부터 접시 세트 반을 받고 아빠로부터 나머지 반을 받는데, 그 접시들의 반은 그들의 양친에게서 각각 물려받은 것이다. 게다가 만약 당신에게 형제자매가 있다면 그들 역시 당신의 부모에게서 반반 물려받은 것인데 당신 것과는 다른 반쪽이다. 이 대목에서 약간 골치 아플 수도 있다.

하지만 미토콘드리아 DNA는 분할되지도 섞이지도 않는다. 그저 하나의 완전한 단위로서 그대로 바통 터치가 되는 것이다. 외할머니로부터 어머니를 거쳐 당신에게 집안 가보로 내려온 단품 소스 그릇처럼 말이다. (이제 당신은 추수감사절 저녁 만찬을 주최할 수 있게 되었다! 정말 다 컸다.)

당신과 당신 어머니의 미토콘드리아 DNA의 차이는 아주 미미하다. 그 차이란 단지 당신이 사는 동안 축적해 온 무작위적 돌연변이에서 연유한 것일 테니까 말이다. 몸에 해로울 정도의 방사선에 노출된 적만 없다면(있다면 병원에 가야 한다) 당신과 당신 어머니의 미토콘드리아 DNA는 거의 똑같다. 이는 당신의 어머니가 당신에게 준 정말이지 역대 최고의 선물이다.

DNA의 모든 것을 이토록 쉽고 재밌게 설명하다니!

현대 유전학의 아버지
멘델의 이야기

감수분열을 통한 유전자들의 실제 분배 과정은 나름대로 정해진 틀을 갖고 있다. 유전자들의 반은 엄마에게서, 나머지 반은 아빠에게서 받았다는 발상이 아마 당신에게 그렇게 놀랍게 들리지는 않을 것이다. 하지만 한때 사람들이 이 과정에 대해 완전히 잘못 알고 있는 시기가 있었다.

옛날 옛날 아주 먼 옛날 수천 년 전 사람들은 번식을 섹스와 결부시켜 생각하지 않았다. 그러니까 마치 여자 혼자서 자연스럽게 아기를 창조하는 것으로 보았다. 남자가 아기를 갖는 데 일조하고 있다고 여겼던 때도 있긴 있었다. 하지만 그 도움은 정자를 통한, 어디까지나 조력 혹은 일반적인 수준이라고 여겼다.

몇몇 문화권에서는 정자가 아기의 발달을 돕는 것으로 생각했다. 만약 임신하자마자 관계 갖기를 중단한다면 아기가 자라지 않을 거라 생각한 것이다.

또 어떤 문화권에서는 임신 중에 여러 남자들과 관계를 가지면 아기가 각각의 남자들에게서 얻은 특징들을 모두 갖추게 될 것이라고 생각했다. 마치 그들의 좋은 점들이 모두 한데 섞이듯이 말이다. 아기에게

이 세상에서 제일 좋은 것을 선사하기 위해서 여자들은 가능한 많은 남자들과 관계를 맺어서 그들의 최고 장점들을 모두 물려주려고 했을 것이다.

실제로 정액이 뚜렷한 목적을 갖고 있음을 알게 되자 우리는 조금 지나치게 생각을 수정했다. 사람들은 여자를 단지 아기가 자라는 그릇 정도로 여기게 되었으며, 생명을 창조하는 데 필요한 정보는 몽땅 정자에 내장되어 있다고 생각했다.

맨 처음 현미경으로 정자를 관찰한 한 과학자는 정자 안에서 작디작은 사람을 보았다고 묘사하기까지 했다. 물론 이런 진술은 정자가 궁극적인 인간에 대해 책임이 있다는 증거였다. 남자들이여, 훌륭하도다.

운 좋게도 과학에서 그 작디작은 남자 이론을 폐기할 수 있었던 것은 부분적으로 그레고어 멘델의 공이 컸다. 현대 유전학의 아버지인 멘델은 1800년대 중반에 오스트리아(현재 체코공화국)에서 살았다. 그는 성 아우구스티노 수도회 소속 수도사였는데 성적 욕구불만을 식물 키우는 데에 쏟았던 것 같다. 강박장애가 있는 사람만이 가질 수 있는 끈기와 정성으로 완두를 길렀다. 이 작업을 통해 그는 예전에 긴가민가했던 형질들이 한데 섞이지 않고 독립적으로 대물림된다는 것을 보여주었다. 그리고 그 뚜렷한 단위란 지금 우리가 유전자로 알고 있는 바로 그것이다.

멘델의 실험들은 직접 완두들을 수분시킴으로써 식물의 가계도를 추적할 수 있었다. 그는 그 완두들이 벌이나 바람에 의해 수분되지 못하도록 확실히 해두어야 했다. 그래서 멘델은 한 완두의 꽃가루가 그의 허락 없이 다른 완두의 꽃까지 닿지 않도록 모든 완두꽃들에 작은 봉지를 씌워 묶어 놓았다. 그렇다, 완두들은 멘델의 성적 노예였다. 하지만 지극히 정상적인 방법으로.

그는 완두들의 몇 세대를 추적해 꼬투리 모양, 완두 색깔, 꽃잎 색깔, 식물의 키, 그리고 완두의 주름 정도까지 기록했다. 그는 매우 부지런한 수도사였고, 시간도 많고 완두도 많았다.

예를 들어 보자. 멘델은 두 그룹의 완두를 가지고 있었다. 한 그룹에는 모두 녹색 콩이, 또 한 그룹에는 모두 노란 콩이 달려 있었다. 그는 이들을 손으로 일일이 수분시켰다. 이 말은, 그가 작은 붓을 가지고 녹색 완두콩 식물의 꽃가루를 묻힌 후 노란 완두콩 식물의 꽃 위에 발랐다는 것이다(아니면 그 반대로). 멘델은 이런 방법으로 얻은 모든 아기 식물들(이것은 절대 실제 용어가 아니다. 하지만 자손이라는 용어는 내게 너무 무심하고 따분하게 들린다)을 보고 어버이 식물이 어떠한지 알게 되었다. 마침내 꽃들이 씨앗을 생산하면 그는 이 씨들을 심고 자라길 기다렸다.

씨들이 자라서 그가 너무나도 사랑하는 멋진 완두들로 컸을 때 그는 어버이 식물들이 반은 녹색, 반은 노란색 완두콩을 갖고 있었음에도 완두들에 모두 녹색 완두콩이 달려 있음을 알게 되었다.

완두의 인공수정

그 후 멘델은 이 새로운 세대의 완두들을 계속 관찰했으며 서로 타가수분시켰다. 그 꽃가루 묻히기와 바르기 기법을 이용해서 말이다. (이 기법은 정말 멘델도 그렇게 불렀다.)

나는 멘델이 실제로 수행한 타가수분 방법에 대해 항상 짚고 넘어간다. 왜냐하면 고등학교 생물학 수업에서 멘델이 했던 이 '타가수분'에 대해서 줄기차게 들었음에도 그것이 무엇을 의미하는지 정확하게 이해되지 않았기 때문이다. 이 수도사가 조심조심 한 꽃의 꽃가루를 다른 꽃의 암술머리(동물로 따지면 암컷에 해당하는 꽃의 생식기관) 위에 묻히고 있는 장면은 내게 이 용어를 실감나게 만들어 준다. 당신에게도 효과가 있길 바란다.

멘델이 이 타가수분을 통해 얻은 씨들을 길렀더니, 식물의 75퍼센트는 녹색 완두였는데 25퍼센트는 노란색 완두였다. 그는 한 세대 만에 사라졌다가 이런 비율로 다시 나타날 수 있는 특질들을 '비주도적 형질'이라고 이름 붙였다. 그 특질들은 완전히 사라지는 것이 아니라 그가 주도적 형질이라 부르는 것에 의해 가려져 있었던 것이다. 뭐, 이 오스트리아식 용어가 특이하더라도 당신은 요점을 파악할 것이라 확신한다.

우성Dominant: 우리 모두는 각 유전자의 복사본 2개를 가지고 있으므로 유전자의 한 유형이 발현되면서 그 유전자의 다른 유형을 가릴 수 있을 때 이 유전자의 유형을 주도적, 즉 우성이라고 한다.

열성Recessive: 우성 유전자에 가려질 수 있는 유전자 유형. 열성 형질은 두 개의 복사본을 받아야만 발현된다.

DNA의 모든 것을 이토록 쉽고 재밌게 설명하다니!

이 수도사는 수년 동안 꾸준히 식물과 그 식물의 모든 혈통들에 대한 일지를 쓰면서 보냈다. 그 식물의 모든 형질에 대해서도 줄곧 기록했다. 이런 일들은 오직 수도사들만이 그렇게 할 시간을 낼 수 있다. 나는 멘델이 바구니 짜기나 억지로 입체감을 입힌 초크아트 같은 다른 취미를 선택하지 않았던 것이 기쁠 따름이다.

몇몇 형질들이 다른 형질들보다 우위에 있음을 알게 된 후, 멘델은 그 이유를 알아냈으며 오늘날까지도 회자되는 유전학 법칙들을 서술했다. 우리는 그를 너무나도 아끼기에 이 모든 업적을 멘델 유전학이라고 부른다.

멘델의 두 가지 큰 개념은 오늘날 분리의 법칙, 그리고 독립의 법칙이라고 불린다.

분리의 법칙이라니 왠지 끔찍하다. 지금 당장 이것부터 해치워 버리자. 다만 이 유전법칙에는 어떤 인종차별적 뉘앙스도 없음을 약속한다. 당신은 21세기를 살아가고 있으니, 사실 이 법칙이 실제 설명하는 내용이 당신에게는 아마 너무나도 당연한 소리로 들릴 것이다. 하지만 그 당시 멘델은 완두들이 (혹은 기니피그들이나 인간들도) 생식할 때, 원래 자신의 유전 정보량의 절반만 가진 생식세포들(난자와 정자)을 만들어 낸다고 설명했다. 아무렇게 반을 떼어 가지는 게 아니라 각각의 세부 형질들에 관한 정보의 반을 가지는 것이다. 다시 말해 그러한 형질들을 유발하는 요인들은 성세포가 형성될 때 그에 따라 분리되어야 한다는 것이다. 이 부분을 멘델은 분리로 보았다.

이 법칙의 중요한 점은 당신이 유전자들의 복사본 2개를 가지고 있다는 것, 그리고 당신이 정자나 난자를 생성할 때 그 안에는 각 유전자의 복사본 1개만 집어넣는다는 점을 고려했다는 사실이다.

또 다른 법칙인 독립의 법칙은 멘델의 설명에 따르면, 유전자들이 서로 연결되어 있지 않음을 의미한다. 어버이 식물이 키가 크고 녹색 완두를 가지고 있다는 이유만으로 큰 키와 동시에 녹색 완두가 필연적으로 함께 유전되는 것은 아니다. 정자와 난자가 형성될 때 유전자들은 무작위적으로 분리되기 때문에 형질들은 서로서로 독립적으로 유전된다.

오늘날 우리는 이 독립의 법칙이 실제로 항상 옳은 것은 아니라는 사실을 알고 있다. 이 부분은 이른바 생물학의 단골 소재다. 그렇다. 형질들은 별개의 단위로 유전되지만, 하나의 형질을 가짐으로써 또 다른 형질을 가질 확률이 높아지는 경우가 실제 존재한다. 성별이 남자인 것과 대머리인 것 같은 상황처럼 말이다.

왜 그럴까? 이런 형질들의 유전자들이 같은 염색체 위에 존재하기 때문이다. 그러니까 이런 유전자들은 멘델의 첫 번째 법칙에 따라 분리될 수 없는 것이다. 멘델은 우리가 DNA, 유전자, 혹은 염색체에 대해 아무것도 모르던 시대에 살았다. 그러니 이 문제에 대해서 그를 비난하지 않으려 한다.

▷━◁▥▥ DNA의 모든 것을 이토록 쉽고 재밌게 설명하다니!

보통 사람들보다 훨씬 앞서 있던 많은 사람들이 그렇듯이, 멘델은 누군가가 그의 획기적인 업적에 야유를 보내기 훨씬 전에 죽고 말았다. 하지만 오늘날 그는 의심할 여지 없이 유명한 과학자이며, 그가 식물 재배를 그렇게나 좋아했다는 것이 정말 감사하다.

유전자 배틀

모든 유전자들은 동등하게 창조되지 않는다. 유전자들에는 다양한 특색들이 존재하며 몇몇 유전자들은 다른 유전자들보다 우월하다. 음, 꼭 더 우월하다는 건 아니고 더 기능적이라는 뜻이다. (보통 기능적이라는 표현이 더 적절하다.) 밝혀진 것처럼 우리가 얻은 유전자들과 이 유전자들로 말미암아 우리가 갖게 되는 실제 형질들은 약간 다르기 때문이다.

우선 내가 언급한 유전자 특색들은 대립유전자라는 실제 이름이 있다. 대립유전자란 유전자에 있어서 서로 다른 유형들을 말한다. 멘델의 소중한 완두들을 예로 들어 보자. 식물에는 꽃 색깔을 결정하는 유전자가 있다. 꽃 색깔에 있어서 서로 다른 대립유전자들은 흰색 유전자와 보라색 유전자다.

대립유전자Allele: 유전자의 한 유형. 예를 들어 꽃 색깔 유전자는 흰색 대립유전자와 보라색 대립유전자를 가질 수 있다.

만약 대립유전자라는 말이 양자물리학처럼 덜컥 겁이 나는 용어들 중 하나라면 이 용어를 볼 때마다 그냥 마음속으로 특색으로 바꿔 읽어라. 실은 당신을 배려해서 나도 그렇게 하려 한다. 특색이란 말이 더

▶━━◁▥▥◁ DNA의 모든 것을 이토록 쉽고 재밌게 설명하다니!

재미있게 들리므로 대립유전자 대신 특색이라고 말하겠다.

아이스크림의 대립유전자들

어쨌든 본론으로 돌아와서, 그런 유전자들의 다양한 특색들은 인간들 사이의 경이로운 다양성을 설명해 주는 것이며, 진화론적 생명의 나무의 나머지 생명체는 말할 것도 없다. (그것은 결국 우리 모두에 관한 것이 아니다.)

하지만 겉모습만 보고서는 한 인간 혹은 다른 생명체가 어떤 유전자 특색들을 가지고 있는지 단정 지어 말할 수 없다. 몇몇 유전자들은 가려져서 안 보일 수도 있다. 유전자 특색들이 우성일 수도 있고 열성일 수도 있기 때문이다. 그리고 그 중간에 공동우성과 불완전우성이 존재한다. 절대로 당신을 용어로 들들 볶지 않겠다고 말한 기억이 나긴 하는데 그래도 이 정도는 괜찮은 편이다.

우성 대 열성

말도 많고 탈도 많은 우성과 열성을 시작으로 이 내용들을 파헤쳐 보자. 어떤 유전자 특색이 우성인 경우, 그것은 으스대고 통제하거나 지

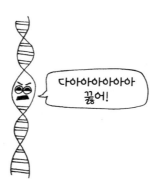

배한다는 뜻이 아니다.

　이 말은 그저 당신이 이 유전자 특색을 가지고 있다면 의심할 여지 없이 발현할 것이라는 뜻이다. 그 대안은 열성이다. 열성이라 함은 유전자 특색이 가려질 수도 있다는 점을 의미한다. 완두꽃의 예에서는 보라색이 우성이다. 당신이 보라색 꽃에 대한 유전자를 가지면 당신은 보라색을 발현하게 된다.

　기억해 두자. 당신(그리고 완두들)은 유전자마다 복사본 2개를 배부받는데 그 두 복사본들은 서로 같을 수도, 같지 않을 수도 있다. 다만 완두가 보라색 꽃 유전자 1개와 흰색 꽃 유전자 1개를 얻었을지라도, 보라색 꽃 쪽이 우성이기 때문에 완두는 보라색 꽃을 피울 것이다. 무엇이 그 유전자 특색을 우성으로 만드는 것일까? 보통의 경우 유전자 특색은 우성이다. 왜냐하면 이 유전자 특색이 만들어 내는 형질은 유전자가 암호화하는 단백질에서 기인하며, 열성 형질은 그 단백질이 생성되지 않거나 생성되더라도 제대로 작동하지 않을 경우에 나타나는 것이기 때문이다. 이런 경우는 열성 유전자가 돌연변이 유전자 혹은 돌

▷━━◁▥▥ DNA의 모든 것을 이토록 쉽고 재밌게 설명하다니!

연변이가 일어나지 않더라도 비기능성 유전자일 때 일어날 수 있다.

완두꽃의 경우, 보라색을 유발하는 유전자는 꽃들에게 그 사랑스러운 보라색을 입혀 주는 단백질에 대한 암호를 가진다. 열성 유전자는 색소를 가진 단백질을 암호화하지 않는다. 그러므로 만약 당신이 이 열성 유전자 특색을 2개 얻으면 당신의 꽃은 어떤 색도 얻지 못한다. 그러니까 꽃들은 그냥 평범한 흰색이 된다.

보라색 꽃처럼 우성 자질을 드러내는 예의 문제점은 바로 그 식물이 보라색 꽃에 대한 유전자를 2개 가지는지, 아니면 보라색 꽃 유전자 1개와 하얀색 꽃 유전자 1개를 가지는지 분간하지 못한다는 사실이다. 구분할 수 있는 유일한 방법은 멘델이 했던 일을 그대로 하는 것이다. 그러니까 그 보라색 꽃 완두와 흰색 꽃 완두를 함께 재배해서 어린 완두들 중 흰색 꽃을 피우는 완두가 있는지 확인하는 것이다. 만약 흰색 꽃을 가진 어린 완두들이 있으면 이는 보라색 꽃을 피운 어버이 완두가 열성인 흰색 꽃 유전자를 숨기고 있었다는 것을 의미한다. 이 유전자가 흰색 꽃을 피운 어버이 식물로부터 온 열성 유전자와 만날 때, 흰색 꽃을 피운 아기 완두를 얻게 된다.

따라서 때로는 유전자가 우성이고, 만약 그 유전자가 존재한다면 그것은 실제 형질로 그 존재를 드러낸다. 만약 유전자가 열성이면 그 열성 유전자 특색을 2개 가지고 있어야만 그 효과를 눈으로 확인할 수 있다. 우리가 함께 이런 걸 다 배우고 있다니.

이 모든 '우성'과 '열성' 유전자에 관한 것들은 한 형질이 어떻게 한 세대를 건너뛸 수 있는지 설명하고도 남는다. 한 형질이 열성이면 가려질 수 있기 때문이다. 반면 사람들이 보통 '한 세대를 건너뛰는' 형질들에 대해 말하는 방식을 실제로 설명해 주지는 않는다. 세대를 건너뛰는 형질들에 대한 수많은 설들이 존재하는데, 쌍생아를 임신할 가능성, 천부적인 예술적 재능을 타고날 가능성, 혹은 괴짜 중의 괴짜일 가능성과 같은 것들이 있다. 실상은 언제나 이보다 훨씬 더 복잡하기 마련이다. 이런 종류의 일들은 열성이기 때문에 일어날 수 있는 일종의 유전자 은폐 때문이 아니다. 실망시켜서 미안하다.

■ 공동우성과 불완전우성

공동우성은 당신이 얻은 유전자 특색들이 실제로 모두 발현될 때 일어난다. 가려지거나 감춰지는 특색들은 없는 것이다. 이것의 좋은 예는 혈액형이다. 만약 당신이 부모로부터 A형 유전자와 B형 유전자를 모두 받으면 당신은 AB형이 된다. 당신은 두 가지 특색을 모두 가지고 있으며 그 둘은 서로를 가리지 않는다. 양쪽 다 똑같이 혈기 왕성하다.

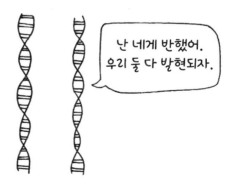

난 네게 반했어.
우리 둘 다 발현되자.

ⅳⅾ⊲⊲⊏⊏ⅉ DNA의 모든 것을 이토록 쉽고 재밌게 설명하다니!

O형이 여전히 열성이긴 하다. 실은 이 O형에 대한 유전자는 존재하지 않는다. 당신이 A형 혹은 B형에 대한 유전자를 가지고 있지 않는다면 당신은 O형 혈액형이라는 말을 듣게 되는 것이다. O형은 정말로 논외의 혈액형인 셈이다.

불완전우성은 당신이 지닌 유전자 특색들 가운데 세 가지 결과가 가능한 경우를 말한다. 금붕어꽃(금어초)에 대해 생각해 보자. 왜 하필 금붕어꽃이냐고 따지지 말고 그냥 넘어가자! 금붕어꽃에는 꽃 색깔에 대한 두 가지 유전자 특색들, 즉 빨간색과 흰색이 있다. 당신이 2개의 빨간색 꽃 유전자를 보유한다면 당신은 빨간색 꽃을 얻게 된다. 2개의 흰색 꽃 유전자를 보유한다면 당신은 흰색 꽃을 얻게 된다. 하지만 만약 당신이 1개의 빨간색 꽃 유전자와 1개의 흰색 꽃 유전자를 보유한다면 당신은 (두구두구두구…) 분홍색 꽃을 얻는다.

이 경우에는 한 가지 특색이 완벽하게 장악하는 일반적인 우성−열성 상황이 발생하지 않는다. 당신이 두 특색을 각각 하나씩 보유하고 있다면 실제 나타나는 특질은 양극단의 특색들 사이 어딘가에 위치한다. 우리의 친구 멘델이 금붕어꽃으로 연구하지 않아서 천만다행이다. 그랬다면 아마 그는 이 모든 상황 때문에 엄청 혼란스러워했을 것이다.

46개 염색체들에서
일어나는 일들

우성이든 열성이든, 기능적이든 돌연변이투성이든, 당신의 모든 유전자들은 염색체 안에 들어 있다. 당신은 (아마도) 46개의 염색체를 가지고 있을 것이다. 대부분의 사람들이 그렇다. 아마 당신도 어머니로부터 23개의 염색체를, 아버지로부터 23개의 염색체를 물려받았을 것이다. (예외인 경우는 잠시 후에 이야기하겠다.)

염색체들에게는 이름이 없다. 이것이 좋다 나쁘다 단정할 수는 없다. 만약 모든 염색체들에게 이름이 있었다면 외울 게 무지무지하게 많았을 테니 말이다. 하지만 염색체들이 지금처럼 숫자나 문자로 불려지는 것보다는 더 흥미로웠을지도 모르겠다. 염색체 1번, 2번, 3번, 이런 식으로 22번까지 있고, 당신은 그 X 염색체와 Y 염색체, 즉 성염색체들을 갖는다.

그렇다면 이 모든 염색체들에게 무슨 일이 일어나고 있을까? 염색체들은 어떤 정보들을 보유하고 있을까? 염색체들은 얼마나 클까? 염색체들은 어떻게 생겼을까? 염색체들은 어떤 TV 쇼를 시청할까? 숫자가 매겨진 1번부터 22번까지의 염색체들부터 시작해 보자. X 염색체와 Y 염색체에 대해서는 커피를 더 마신 후에 이야기하자.

▶━━◁▥◁▥ DNA의 모든 것을 이토록 쉽고 재밌게 설명하다니!

번호가 매겨진 염색체들(이들을 상염색체라고도 부른다) 가운데 제1번은 약 3,000개의 유전자를 지닌 가장 큰 염색체다. 그리고 21번은 겨우 400개 남짓한 유전자들을 지닌 가장 작은 염색체다.

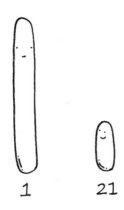

21번 염색체

우선 훌쩍 건너뛰어 작은 21번 염색체로 가보자. 왜냐하면 이 염색체가 가장 자주 거론되는 염색체들 중 하나이기 때문이다. 만약 어떤 사람이 21번 염색체를 3개 가졌다면, 이를 다운증후군이라 한다.

원래 2개만 있어야 하는데 어떻게 누군가는 이 염색체를 3개나 갖게 된 것일까? 정자와 난자를 만들기 위해 세포들이 쪼개지는 감수분열 과정 중에 염색체들이 한데 붙어 버려 원래대로 분리되지 않을 때 발생할 수 있다. 이런 상황이 벌어지면 당신은 21번 염색체 2개를 지닌 난자를 갖게 될 수도 있다. 나중에 추가로 21번 염색체를 한 개 더 보태는 정자를 만나 총 3개가 된다.

이런 염색체가 하나 더 생기는 건 늘 있는 일이다. 그러나 21번 이외에 번호가 매겨진 염색체(X 또는 Y가 아닌 염색체)에서 발생하면, 추가 염색체의 영향으로 발달과정이 완전히 엉망진창이 되어 대개 유산으로 이어진다. 3개의 염색체를 가지고 있는 한 추가된 21번 염색체가 생존 가능한 아기가 태어나는 유일한 경우인 것 같다. 아마도 그 특정한 유전자가 너무 적기 때문일 것이다.

어떤 유전자가 어떤 염색체 위에 있는가

그럼 나머지 염색체들은 무엇에 관여하는가? 연구자들은 당신을 위해 염색체 지도를 열심히 만들어왔고, 각각의 유전자가 이 염색체상의 어디에 놓여 있는지, 그리고 그것이 무엇을 하는지 정확히 알아냈다.

바로 그거야!
바로 거기라고!

알츠하이머병, 당뇨병, 그리고 암과 같은 질병들을 유발하는 유전자들의 위치를 규명하는 데 수많은 연구가 이루어져 왔다. 사실 이제 우리는 수많은 두려운 유전자들의 위치를 알고 있기 때문에 당신은 그런

DNA의 모든 것을 이토록 쉽고 재밌게 설명하다니!

유전자들을 지니고 있는지, 그리고 어느 시점에서 유방암이 발병할 확률이 얼마나 되는지 알아보기 위해 검사를 받을 수 있다.

이제 우리는 인간 염색체와 관련된 내용들 중 하이라이트 부분들로 넘어갈 것이다. 하지만 간질, 나쁜 시력, 그리고 많은 종류의 암과 같은 복잡한 문제들은 여러 염색체에 관련 유전자를 가지고 있다는 점을 명심하기 바란다. 또한 나는 상당수의 질병과 특이한 증상들을 목록으로 만들었다. 왜냐하면 그것들은 이미 연구자들이 위치를 알아낸 종류의 유전자들이기 때문이다.

많은 의학 연구들의 궁극적인 목표는 무엇이 일을 잘못되게 하는지 밝히는 것이다. 그렇지만 질병과 장애가 잔뜩 언급되어 있는 이 목록을 당신의 유전자들이 당신을 끝장낼 수도 있는 끔찍한 DNA 돌연변이로 가득 차 있다는 의미로 해석하지 않았으면 좋겠다. 내가 말하고자 하는 것은, 단지 유전자의 특정한 변이가 있을 수 있는 곳이 바로 여기라는 것이지, 당신이 그 변이들을 필연적으로 가지고 있다는 얘기가

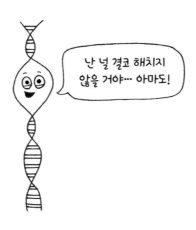

아니다. 장담하건대 당신은 괜찮다. 당신의 DNA는 언제나 당신을 사랑한다.

- 1번 염색체는 난청, 조현병, 그리고 단풍당뇨증이라 불리는 것(맹세코 내가 지어낸 이름이 아니다)과 결부된 유전자들의 본거지다.
- 2번 염색체는 붉은색 머리카락, 근시(어머, 나 이거 있는데!) 그리고 근육위축증과 관련된 유전자들을 갖고 있다.
- 3번 염색체는 유방암, 야맹증, 그리고 유난히 작은 키에 대한 일부 유전자들을 갖고 있다.
- 4번 염색체는 알코올중독, 건선에 취약하고 파킨슨병에 대한 유전자들을 갖고 있다.
- 5번 염색체에는 ADHD(주의력결핍 과다행동장애), 미각 수용체, 그리고 소인증에 대한 유전자들이 들어 있다.
- 6번 염색체는 셀리악병(요즘 대대적인 유행이어서가 아니라 의학적 필요 때문에 글루텐이 들어 있지 않은 식단을 유지하는 사람들이 여기에 해당한다), 뇌전증, 그리고 난독증에 대한 유전자들을 갖고 있다.
- 7번 염색체는 특이하다. 비만과 손가락과 발가락 개수가 더 많거나 부족하게 하는 유전자들을 갖고 있다.
- 8번 염색체는 괴혈병, 간암, 그리고 선천성 부신과형성(뒤에서 설명한다)에 대한 유전자들을 갖고 있다.
- 9번 염색체는 흑색종, 백색증, 그리고 납중독에 취약한 유전자들을 갖고 있다.
- 10번 염색체는 제1형 당뇨병, 전립선암, 그리고 때때로 '버블보이

DNA의 모든 것을 이토록 쉽고 재밌게 설명하다니!

병'이라고 불리는 중증복합 면역부전증에 대한 유전자들을 갖고 있다.

- 11번 염색체에는 도파민 수용체(기쁨을 주는 신경 화학물질), 폐암, 높은 골 질량, 그리고 앞뒤가 안 맞지만 골다공증(높은 골 질량의 반대말이다)에 대한 유전자들이 들어 있다.
- 12번 염색체는 알코올 불내증, 알츠하이머병, 그리고 야뇨증과 관련된 유전자를 갖고 있다.
- 13번 염색체는 백내장과 췌장암에 대한 유전자들을 갖고 있다.
- 14번 염색체는 세포 죽음을 방어하는 인자와 DNA의 미스매치 복구(이것은 틀림없이 도움이 될 수 있을 것이다)에 대한 유전자를 갖고 있다.
- 15번 염색체는 갈색 머리카락과 갈색 눈동자에 대한 유전자들을 갖고 있다.
- 16번 염색체는 자외선에 대한 취약성, 신장병, 그리고 알레르기 체질에 대한 유전자들을 갖고 있다.
- 17번 염색체는 난소암, 세로토닌 운반체(이는 불안장애와 연관 있다), 그리고 치매에 대한 유전자들을 갖고 있다.
- 18번 염색체는 팔목터널증후군(나는 이 증상을 사무실 알레르기라고 생각한다), 골 파제트병(비정상적인 뼈 성장), 그리고 직장암에 대한 유전자들을 갖고 있다.
- 19번 염색체는 청록색 눈동자, 구개열, 그리고 말라리아 취약성에 대한 유전자들을 갖고 있다.
- 20번 염색체는 치명적 가족성 불면증, 거인증, 그리고 빈혈증에

대한 유전자들을 갖고 있다.

치명적 가족성 불면증은 극단적인 유형의 불면증을 유발하는 극히 드문 유전적 질환이다. 이 증상은 주로 30대나 40대에 처음 나타나는데 프리온prion이라 불리는 아주 이상한 돌연변이 단백질로 말미암아 발병된다. 프리온은 돌아다니면서 다른 단백질들을 비활성화시키는 고약한 녀석이다. 이 질병에 걸리면 머릿속을 엉망진창으로 만들어 버려 결국 뇌는 신체적으로 수면 상태에 들어갈 수 없게 된다. 이 질환의 이름이 암시하듯이 치명적 가족성 불면증은 수년에 걸쳐 진행되다가 결국 죽음을 초래한다. 전 세계에 이 질환을 앓고 있는 가족은 몇 안 된다. 따라서 이 질환은 당신의 걱정 리스트에서 빼도 될 만한 항목이다. 만약 이 질환이 당신의 가족력에 있었다면 당신이 모를 리가 없을 것이다.

- 21번 염색체는 독감 면역력과 앞에서 논의된 것처럼 다운증후군에 대한 유전자들을 갖고 있다.
- 마지막으로 중요한 22번 염색체는 솔직히 말해 한 번도 들어 본 적 없지만 대부분의 경우 죽음에 이르거나 두뇌 발달에 영향을 끼치는 광범위한 희귀 질병들에 대한 유전자들을 갖고 있다.

다시 한번 말하지만 나는 당신의 모든 염색체들, 그리고 당신 친구의 모든 염색체들이 이러한 특정 형질들에 대한 특정 유전자들을 가지고 있다고 말하려는 것이 아니다. 이러한 특징들을 가진 개개인들에게

DNA의 모든 것을 이토록 쉽고 재밌게 설명하다니!

있어 유전적 요인이 어디서 발견되는지 알려주는 것뿐이다. 또한 우리는 우리의 모든 염색체들에 대한 완벽한 지도를 가지고 있지 않다. 거의 다 완성되어 가지만, 아직까지 염색체들에 거주 중인 유전자들의 주소를 다 알지는 못한다.

우리가 유전자들을 그 유전자가 유발할 수 있는 질병명을 넣어 이름으로 부르면 헷갈릴 수도 있을 것이다. 예를 들어 유방암 유전자는 보통 유방암을 억제하는 유전자다. 돌연변이로 이 유전자의 한 유형을 가진 사람들은 유방암에 걸리기 쉽다. 왜냐하면 유전자가 제대로 작동하지 않기 때문이다. 그러니 우리가 무슨 유전자를 가졌느니 안 가졌느니 떠드는 것은 의미가 없다. 우리는 모두 인간이기 때문에 (아주 드물게 유전적으로 특이한 경우를 빼면) 모두 같은 유전자를 가지고 있다. 문제는 유전자가 작동하는지 작동하지 않는지, 또는 암에 취약하거나 유전병 및 그 밖에 아주 흥미로운 결과를 초래하는 돌연변이가 있는지 여부다.

우리가 각각의 염색체에서 무슨 일이 일어나고 있는지 정통하게 된다면 분명 유전자 검사 회사는 호시절을 맞이하게 될 것이다. 당신이 이 유전자 변종들 중 어떤 것을 가지고 있는지 쉽게 알아낼 수 있다고 상상해 보라. 어떤 사람들은 이런 정보가 유용하고 흥미롭다고 여길 것이다. 반면 다른 사람들은 그것이 근심과 불안을 유발한다고 생각할지도 모른다. 이런 게 과학적 진보의 역설이 아닐까 싶다.

섹시한 성염색체

계속해서 X 염색체와 Y 염색체라는 알파벳이 매겨진 염색체들에 대해서 이야기해 보자. 이런 특별한 염색체에서는 어떤 일이 일어나고 있을까? 첫 번째 타자로 X 염색체는 Y 염색체라는 작은 알갱이보다는 훨씬 크다. X 염색체 양은 약 1,400개의 유전자를 가지고 있는 반면 Y 염색체 군은 고작 200개다.

Y 염색체는 대부분 단백질과 효소에 대한 유전자를 가지고 있어서 가슴, 얼굴, 그리고 엉덩이 골에 나는 털처럼 남자다운 특질들을 유발하는 테스토스테론과 같은 강력한 남성 호르몬들을 생산하는 데 가담한다.

이와 대조적으로 X 염색체는 대머리, 색맹 및 약 1,398개의 다른 유전자와 같은 중요한 정보로 가득하다.

그럼 이 섹시한 성염색체는 주로 어떤 일을 할까? 물론 그런 이름을 가진 이유는 우리가 남성이든 여성이든 우리 정체성의 다소 중요한 부분을 결정하기 위해 많은 일을 하기 때문이다. 통념상 XX는 (나 같은) 여자아이고 XY는 남자아이다. 맞을까? 사실 항상 그런 것은 아니다.

생물학에서는 어느 경우에나 항상 들어맞는 것은 거의 없다. 인생은 원래 골치 아픈 것이다.

우선 모든 사람들이 2개의 성염색체를 갖는 것은 아니다. 성염색체

▷━◁▥ DNA의 모든 것을 이토록 쉽고 재밌게 설명하다니!

를 몇 개 더 갖고 있거나 하나가 부족한 사람들도 있다. 당신은 XXY, XYY, XXX 염색체 혹은 그냥 X 염색체를 가질 수 있다. 이러한 상태의 일부는 정신지체로 이어질 가능성이 농후하다. 하지만 XXX와 같은 염색체를 가진 몇몇 사람들은 본인이 전혀 모를 수도 있다. 그러니까 그 사람이 임신을 하려고 시도하지 않는 이상 그렇다는 것이다. 만약 당신이 성염색체 수가 잘못되었다면 당신은 아마 불임일 것이다.

하지만 XX나 XY처럼 딱 2개의 성염색체를 가진 이들에 대한 예를 들어 보자. 우리는 마음 푹 놓고 YY 염색체는 절대 생길 수 없다고 여기면 된다. Y 염색체는 오직 정자에만 들어 있을 뿐이며, 내가 아는 한 결코 2개의 정자가 결합하여 아기를 만드는 일은 일어나지 않는다. 그런 일이 일어난다면 흥미롭기는 하겠지만 말이다.

하지만 당신이 XX나 XY 염색체를 가지고 있다 하더라도, 성별이 당신이 갖고 있는 2개의 염색체에 근거하여 항상 나타나는 것은 아니다. 성별이란 호르몬, 그러니까 복잡한 호르몬의 균형에 관한 문제다. 이 문제는 까다로울 수 있다.

XY 염색체를 가진 사람이 여성처럼 보일 수 있거나 XX 염색체를 지닌 사람이 남성으로 보일 수도 있다.

XY 염색체를 가진 사람은 안드로겐 불감성증후군이라는 질환을 가진 여성으로 보일 수 있다. 이 사람의 Y 염색체는 테스토스테론을 만드는 단백질과 효소들과 관련된 유전자들을 지니고 있으며, 다른 많은 남자들처럼 몸속에서 테스토스테론 호르몬이 만들어지지만 이 호르몬의 수용체들이 작동하지 않는다. 따라서 테스토스테론이 존재하더라도 성기를 만들고 가슴에 털이 나게 하고, 남자다운 체격을 만들어 주는 원래의 기능을 하지 못하는 것이다. 그러므로 이런 병을 앓는 사람들은 겉모습이 여자인 채로 자라다가 사춘기 때 월경이 시작하지 않으면 그제야 사실 자신에게 자궁과 난소가 없다는 사실을 알게 된다.

어떤 사람은 XX 염색체를 가졌으면서도 남성처럼 보일 수 있다. (앞에서 언급한) 선천성 부신과형성으로 말미암아 발달 과정에서 과도하게 생성된 호르몬이 Y 염색체가 없는데도 신체를 남자답게 만들기 때문이다. 극단적인 경우, 남자 아기로 태어나 정상적으로 성숙하여 기능적으로 완벽한 남성 성기를 갖고 성생활을 할 수 있었음에도 후에 자신이 남성 성기와 고환뿐만 아니라 몸 속에 자궁과 난소 역시 갖고 있음을 알게 된다.

보통 이러한 호르몬 이상은 숨어 있는 자궁에서 촉발된 월경으로 복통을 경험하면서 자각하게 된다. 이른바 생리혈이 밖으로 배출될 수 없는 구조이므로 이런 경험은 매우 고통스럽고 위험할 수 있다.

마지막으로 유전자 교차 문제가 있다. XX 염색체를 가진 여성이 테

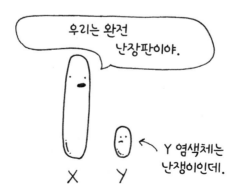

DNA의 모든 것을 이토록 쉽고 재밌게 설명하다니!

스토스테론의 생성을 돕는 유전자들처럼 Y 염색체로부터 온 한두 개의 유전자를 여전히 가지고 있을 수가 있다. 왜냐하면 정자 형성의 감수 분열 중에 X와 Y 염색체가 서로 가깝게 위치해 있다가 유전자들이 염색체들을 가로지르며 서로 바뀔 가능성이 있기 때문이다. XX 염색체이면서 단지 테스토스테론을 더 많이 생성하도록 유발하는 유전자 때문에 덜 여성스러운 신체 부위들을 갖게 된 여성이라니? 국제 경기 대회들에서는 그렇게 본다.

성이란 우리가 생각하는 이원적인 체계가 아닌 듯싶다. 당신도 알다시피 인류의 성 결정 방식이 이것뿐만이 아니라는 것이다.

메뚜기, 귀뚜라미, 그리고 바퀴벌레 같은 몇몇 곤충들에게는 X 염색체가 한 종류뿐이다. 이 X 염색체를 2개 가지면 암컷이고 1개만 가지면 수컷이 된다.

새의 경우 (몇몇 곤충들과 물고기들도) 색다른 성염색체들이 있다. 암컷들은 ZW 염색체를, 수컷들은 ZZ 염색체를 지닌다. 과학자들이 인간에게 적용되는 XX는 여성, XY는 남성이라는 공식과 구별하기 위해 알파벳을 바꾼 것이다. 참 사려 깊기도 하지.

개미와 벌에게는 성염색체가 아예 없다. 대신 난자가 수정되는지 안

성 염색체가 없어서

우울해.

되는지에 따라 성별이 결정된다. 난자가 수정되지 않으면 그 후손은 수컷이다. 난자가 수정되면 암컷이다. 그래서 수컷 개미는 아버지가 없고 암컷 개미의 염색체 수의 절반을 가진다. 작고 불쌍한 것 같으니라고.

내가 좋아하는 성 결정 방식은 인도 문착(물론 중국 문착과는 정반대다)이라고 불리는 사슴과의 한 종에서 발견된다. 이 종은 세 가지 다른 종류의 성염색체, 즉 X 염색체와 Y1, Y2로 불리는 두 가지 다른 형태의 Y 염색체들을 지닌다. 암컷들은 XX 성염색체를 갖고 수컷들은 XY1Y2 성염색체를 갖는다. 세상에, 이런 요상한 것들을 봤나!

생물학이란 성과 번식과 관련된 (그리고 생명 활동의 거의 모든 부분들에 대한) 여러 가지 방식들을 발견하는 복잡하고 뒤죽박죽이며 무작위적인 과정임을 절대 잊지 말기를 바란다. 생명 활동의 그 어떤 부분에도 정해진 틀은 정말 존재하지 않는다. 생명 활동이 작동되면 작동되는 것이고, 작동되지 않으면 죽은 것이다. 이것이 한결같이 적용되는 거의 유일한 자연의 법칙이다.

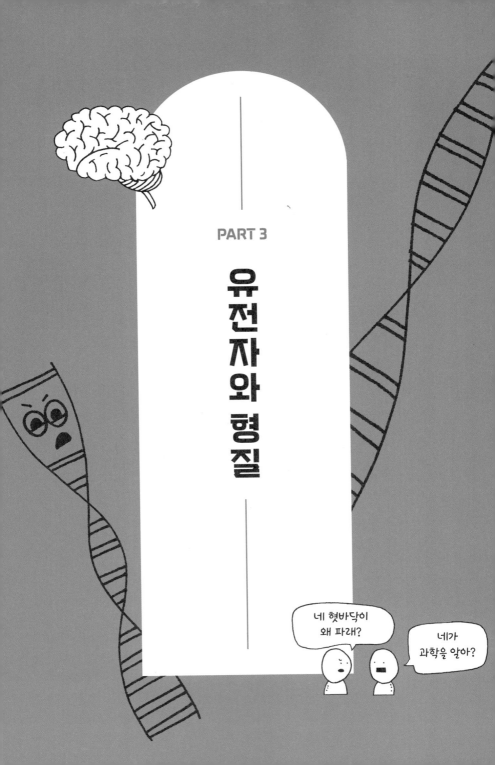

놀라운 귀지 유전자의 정체

하나의 유전자만으로 조절되는 뚜렷한 형질들은 그리 많지 않다. 보통 가치가 있는 것들은 상대적으로 복잡한 법이다. 맙소사, 래브라도레트리버의 털 색깔조차도 유전자 2개로 조절된다.

어떤 형질이 유전자 하나로 조절되며 몇 가지 (주로 2가지) 가능한 결과들을 가진다면 우리는 이를 멘델식이라 부른다. 왜냐하면 멘델의 소중한 완두 식물들의 키, 꽃 색깔, 그리고 완두콩의 주름진 정도와 유전 양상이 비슷하기 때문이다.

인간에게 있어 멘델식 유전의 전형적인 사례들은 다음과 같다.

● 혀 말기(를 할 수 있거나 할 수 없거나)
● 귓불이 부착형이거나 분리형이거나
● 위도 피크라고도 하는 V자형 이마 선이 있거나 없거나
● 손가락 마디에 털이 있거나 없거나

원래 나는 이 모든 전형적인 사례들을 좀 더 자세히 조사하여 마침내 그것들 모두가 사실은 완전히 거짓이라는 것을 발견하게 될 때까지 다뤄 볼 생각이었다. 이 항목들은 실제로 하나가 아닌 다수의 유전자들에 의해 조절된다는 것이 밝혀졌다.

고등학교 1학년 때 선생님과 함께 생물학을 공부한 이후로 내가 알게 되고 소중하게 여겼던 모든 사례들이 새빨간 거짓이라는 걸 발견했을 때 얼마나 배신감을 느꼈는지 말로 다 표현할 수가 없다. 거짓의 민낯이 진정으로 드러나기 시작하는데 그것은 흡사 브루스 윌리스가 이미 죽었다는 걸 알게 되는 영화 〈식스 센스〉의 마지막 장면과도 같았다. 완전히 정신적 충격이었다.

눈동자 색조차도 한때는 파란색 혹은 갈색, 이렇게 두 가지 결과가 가능한 멘델식 유전의 예라고 여겨졌다. 이 근거 없는 믿음은 꽤 오래전에 타파되었다. 그러니 단순히 파란색과 갈색보다 훨씬 더 다양한 눈동자 색이 존재한다는 사실을 확인하기 위해 그렇게 많은 사람들의 눈을 뚫어져라 쳐다보지 않아도 된다. 일례로 나는 파란색도 갈색도 아닌 초록색 눈을 가지고 있다. 전에 그냥 푸르스름한 색이라고 표현했는데 푸르스름하다니? 어떻게 그런 말을 할 수가 있는지. 젠장, 특별하다고!

그리고 이 밖에 다른 전형적 사례들도 마찬가지다. 근거 없는 믿음이라는 말이 딱 들어맞는다. 한 종류의 단백질을 암호화하고 있는 단한 쌍의 유전자가 어떻게 부착형 귓불과 분리형 귓불의 차이를 만들수 있는가. 일자형 이마 선과 V자형 이마 선과의 차이는? 털이 나 있는 손가락 마디와 매끈하기가 아기 엉덩이 같은 손가락 마디와의 차이는? 말도 안 되는 소리다.

이러한 잘못된 예는 심지어 나의 오래된 (2002년) 생물학 교과서, 그렇지 않으면 대부분의 대학 과정에 공통적으로 신뢰할 수 있는 《캠벨 생물학》 책에도 있었다. 굳이 표현하자면 이러한 오류는 생물학 전체

Ⅰ⊶⊷⊢⫣⫤ DNA의 모든 것을 이토록 쉽고 재밌게 설명하다니!

그럼 리가.

의 골칫거리이자 콕 찍어서 유전학의 골칫거리다. 우리는 매일 새로운 것들을 발견하고 있기 때문에 교과서는 빠른 속도로 구닥다리로 전락하게 된다. 그럼에도 인간의 멘델식 형질에 대한 이러한 사례들은 특별한 관성을 지니고 있다. 지금 이 순간 어떤 선량한 생물학 교사는 반전체 아이들에게 혀를 말아 보라고 주문하고 있을 것이다. 곧이어 혀를 말지 못하는 사람들은 있지도 않은 혀 말기 유전자에 있어서 열성 대립유전자들을 2개 가지고 있는 것이라고 설명하기 위해서 말이다.

이제 당신은 그 잘못된 사례들에 대해 가장 많이 아는 사람이 되었으니 귓불, 혀, 그리고 V자형 이마 선에 대해 떠드는 사람들에게 제대로 알려줄 수 있다. 그 많고 많은 교재들이 점진적으로 절판될 때까지 이러한 근거 없는 믿음은 틀림없이 계속 유지될 것이다. 유일하게 사실에 부합하는 흔한 사례는 당신의 귀지가 젖은 상태인지 마른 상태인지를 결정하는 유전자다. 그렇다. 정말 눈 씻고 찾아봐도 귀지, 이것뿐이다.

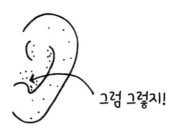

그럼 그렇지!

이토록 놀라운 귀지 유전자의 정체는 무엇일까? 이 유전자에는 젖은 것, 그리고 마른 것, 이렇게 두 가지 특색이 있다. 젖은 귀지 타입이면 귀지가 노란색을 띠는 편이며 약간 끈적이는 게 보통이고, 마른 귀지 타입이면 귀지는 잘 바스러지고 황갈색인 게 보통이다. 나는 젖은 귀지 타입이라서 마른 귀지를 좀처럼 상상할 수가 없다. 당신은 그 반대 경우일지도 모르겠다. 마른 귀지라는 유전자 특색은 열성이다. 그 차이가 나타나는 진짜 이유는 열성 유전자 특색이 귀지를 밀랍처럼 만드는 데 효과적이지 않은 단백질을 암호화하기 때문이다.

또 한 가지 재미있는 귀지의 부작용은 귀지가 체취에 영향을 끼친다는 사실이다. 당신이 젖은 귀지를 갖고 있다면 당신은 지독한 암내를 풍길 가능성이 크다. 왜냐하면 이 유전자의 또 다른 효과가 바로 땀샘에서 박테리아들의 입맛을 잔뜩 돋우는 단백질을 분비하는 것이기 때문이다. 박테리아들은 당신의 습하고 안락한 겨드랑이에서 이 단백질을 먹으며 번식하는데 이때 그들의 노폐물에서 악취가 난다.

만약 당신이 마른 귀지 타입이라면 이런 암내 걱정은 안 해도 된다(나로서는 정말 부럽기만 하다). 피부에 박테리아가 먹을 만한 것이 많지 않

〰🐟⫟⫟⫟ DNA의 모든 것을 이토록 쉽고 재밌게 설명하다니!

으니 당신이 박테리아 집단 및 그에 따른 냄새와 엮일 일은 없는 것이다. 축하한다.

마른 귀지 및 체취가 거의 없는 것과 관련된 유전자는 열성이지만 그 형질이 아시아 지역에서는 매우 흔하게 나타난다. 짐작하건대 아시아계 사람들은 강력한 탈취제와 문제가 되는 부위의 "열 활성화", "피에이치(pH) 균형", "임상 강도" 조건들에 대한 광고를 그렇게 많이 접하지는 않을 것이다.

결론적으로 1개의 유전자가 당신의 얼굴, 눈, 그리고 털이 난 손가락마디와 같은 일상적인 형질들과 무작위적인 다양성에 관해서 어떤 형질을 얻을지 조절하지 않는다. 그렇지만 멘델식으로, 그러니까 단 1개의 유전자의 우성과 열성 대립유전자들(특색들)로 유전되는 형질들은 분명히 존재한다. 이에 대한 수많은 사례들이 있는데, 대부분 기능이 소실되는 질환, 유전질환, 그리고 암이라는 결과를 초래한다(이 부분은 나중에 자세히 다룰 것이다). 이 모든 것은 특정 유전자의 변종 중 하나가 원래 해야 할 일을 제대로 하지 못하는 단백질을 암호화하기 때문이다. 이런 심각한 사례들에 비하면 젖은 귀지 정도는 하찮은 것이다.

나의 특성은
수많은 유전자들 때문

당신이 지닌 최적의 조건들은(1등급 귀지는 물론이거니와) 어떤 하나의 형질을 끌어내기 위해 협주곡을 연주하듯 여러 유전자들이 협력한 결과다. 당신의 키, 코 모양, 그리고 나무랄 데 없는 요요 기술은 멘델 유전학으로는 설명될 수가 없다.

모든 것이 멘델식이 되려면(한 유전자에 2개의 유전자 특색 옵션이 있으므로), 모든 인간들에게서 관찰되는 형질들은 딱 두 가지 유형만 갖고 있어야 할 것이다. 하지만 키, 재능, 개성, 그리고 유머감각과 같은 것들은 확실히 광범위한 연속체로서 존재하는 것이지 양자택일로 딱 떨어지는 상태로서 존재하지 않는다.

하지만 나는 가정하는 것을 좋아한다. 우리가 지닌 모든 특징들이 멘델 스타일로 유전되는 세상에 대해 생각해 보기로 하자.

만약 우리가 완두와 같다면 사람들의 키는 6피트나 3피트 둘 중에 하나가 될 것이다. 머리카락도 하얀색이나 검정색 둘 중 하나, 눈도 엷은 파란색이나 짙은 갈색 둘 중 하나일 것이며, 그 중간에 선택할 수 있는 것은 아무것도 없을 것이다. 사람들은 유머 짱이거나 유머 꽝 둘 중 하나, 지적 수준도 천재나 천치 둘 중 하나일 테다. 이 세상도 우리의

DNA의 모든 것을 이토록 쉽고 재밌게 설명하다니!

삶도 하나같이 극단적이면서도 예측 가능하고 다소 지루해질 것이다.

바지 사는 것만큼은 아주 쉬워질 것이다. 사이즈가 2개밖에 없으니까 말이다. 학교에서도 정상분포를 나타내는 종형 곡선은 좀처럼 보기 힘들 것이다. 대신에 중간값은 전혀 없고 2개의 최댓값을 가진 분포를 보일 것이다.

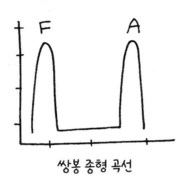

쌍봉 종형 곡선

운 좋게도 (그리고 당연하게도) 우리에게 나타나는 대부분의 흥미로운 특징들은 양자택일 방식으로 정해진 것이 아니라 광범위한 선택 사항들 중 몇 가지가 조합된 형태로 존재한다. 그리고 어떤 형질들이 다른 형질들과 연관되는 경우는 거의 없다. 키가 크다고 해서 좋은 작가가 되는 것은 아닐 것이며, 머리가 크다는 것이 똑똑하다는 의미도 아니다. 내 거대한 두개골이 대용량의 두뇌를 반증한다고 믿고 싶지만 말이다. 그렇다. 적어도 여아용 모자가 맞는 사람들 입장에서 본다면 내 머리는 정말 특대 사이즈가 맞다. 여아용 모자는 내 머리통에 맞을 리가 없다. 고달픈 내 인생이여.

어쨌든 이런 재미있는 특성들은 겉보기에 무한한 선택 사항들 가운데 존재한다. 이런 특성들에 기여하는 유전자들이 대단히 많이 존재하기 때문이다. 잠깐 산수 공부를 해보자. 어떤 사람이 똑똑한지 혹은 멍청한지 결정하는 유전자가 단 1개 존재한다고 가정해 보자. 그리고 이 유전자는 불완전우성으로 발현된다고 치자(오, 똑똑한 쪽이 우성이면 좋았을 텐데!). 이 말의 뜻은 누군가 (부모에게서 각각 1개씩 물려받은) 총 2개의 똑똑이 유전자를 가진 사람은 똑똑할 것이고, 똑똑이 유전자와 멍청이 유전자를 각각 1개씩 가진 사람은 평균에 미칠 것이고, 나아가 2개의 멍청이 유전자를 가진 사람은, 글쎄, 짐작한 대로다. 그러니까 2개의 유전자는 우리에게 3개의 가능한 결과를 줄 수 있다.

이번에는 당신이 똑똑한지 멍청한지 결정하는 2개의 유전자가 있다고 가정해 보자. 그럼 당신은 4개의 똑똑이 유전자를 가질 수 있다. 또한 똑똑이 3개와 멍청이 1개, 똑똑이 2개와 멍청이 2개, 똑똑이 1개와 멍청이 3개, 멍청이 4개도 가능하다. 모두 서로 다른 5개의 가능한 경우가 생긴다. 이렇게 계속 유전자 개수를 늘려가면 가능한 경우의 수들도 늘어나게 된다. 따라서 매우 작은 단위로 광범위한 결과를 나타내는 일반 지능, 키 혹은 몸매와 같은 특성들에 대해서 생각하면 이러한 특성들을 실현시키기 위해 많은 유전자들이 작용하고 있다는 것을 알게 된다.

그리고 잊지 말자. 당신의 유전자들이 가리키는 것은 이론적인 최대치거나 잠재적 상한선일 뿐, 실질적인 결과는 살면서 당신에게 무슨 일이 일어나느냐에 달려 있다. 예를 들어 큰 키에 대한 유전자를 가지고 있는 누군가가 한창 자랄 시기에 영양상태가 극도로 나쁘다면 그의

ᴵ☰◁Ⅲ DNA의 모든 것을 이토록 쉽고 재밌게 설명하다니!

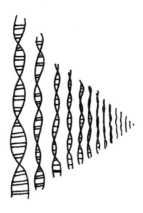

키는 자신의 잠재적 신장 최대치에 미치지 못할지도 모른다. 하지만 설령 그렇다 하더라도, 그는 여전히 키 큰 유전자들을 소유하므로 그의 자녀들에게 물려줄 수 있다.

유전자들이 외부 환경과 상호작용하면서 많은 일이 벌어지는데, 이 부분은 나중에 자세히 살펴보겠다. 여기서는 당신의 보다 흥미로운 특성들이 그것들을 만들어 내기 위해 함께 작용하는 수많은 유전자들 때문이라는 것만 기억하라.

불행하게도 수십 혹은 수백 (혹은 수천) 개의 유전자들의 기능과 그것들 사이의 관계를 밝혀내는 일은 그 형질들 자체만큼이나 복잡하다. 유전학 백과사전 전체를 다 뒤지려면 아주 오랜 시간이 걸릴 것이다. 그래서 지금부터 우리는 암과 같이 심각한 질병의 원인을 제공하는 유전자군들에 대해 최대한 열심히 파헤쳐 볼 것이다. 질병이야말로 유전자들의 비밀들을 푸는 데 가장 강력한 동기를 부여하는 영역이기 때문이다. 가령 개성, 머리카락 색, 그리고 발톱 모양처럼 덜 심각한 (하지만 못지않게 재미있는) 세부 항목들의 유전학은 아마도 맨 마지막에 해결될 것들 중 하나가 될 것이다. 우리의 우선순위는 사람들을 돕고 (마땅히 치료되어야 할) 질병을 치료하는 데 있기 때문이다.

하지만 진심으로 어떤 유전자들이 내 머리를 이렇게 크게 만들어 놓았는지 알아낼 수 있도록 서둘러 모든 유전질환들을 치료하도록 하자. 난 맘이 급하다.

나는 슈퍼테이스터인가, 논테이스터인가

당신이 나초 봉지에서 처음 한 개를 집어먹을 때, 지역 맛집에 가서 시금치 샐러드를 시킬까 말까 고민할 때(뭐? 그런 적이 없다고?) 유전학을 떠올리지는 않을 것이다. 하지만 이 순간에도 일부 당신의 유전자적 자아는 작동하고 있다. 바로 미각 수용체들에 기여하는 유전자들이 그렇다.

브로콜리를 즐겨 먹는 사람들이 있는가 하면 생긴 것만 봐도 질색을 하는 사람들이 있는 이유는 무엇일까? 또한 어떤 사람들은 매운 음식을 아무리 먹어도 질리지 않는 반면, 다른 사람들은 매운 소스가 입 안에서 화염방사기를 쏴대는 듯한 고통을 느끼는 이유는 무엇일까? 사람들이 저마다 맛에 관련된 서로 다른 유전자들을 갖고 있기 때문이다.

사람들이 모두 맛을 똑같이 느끼지는 않는다는 것이 사실로 밝혀졌다. 즉 맛을 느끼는 능력은 모두가 같지 않다는 뜻이다. 장담컨대 만약 우리가 잡아먹히는 입장이면 우리는 모두 똑같은 맛이 날 것이다. 경험에서 나온 이야기가 아니다. 물론 내가 경험이 풍부한 사람이긴 하지만 맹세코 식인종은 아니다.

간단한 예로 고수를 들 수 있다. 나를 비롯한 몇몇 사람들에게 고수는 신선하고 풀 향기 가득한 맛이 나기 때문에 살사 소스, 샐러드, 그리고 가스파초 수프에 곁들이면 제격인 식재료다. 하지만 다른 사람들에게 고수는 비누 같은 맛을 낸다. 그러니까 일반적으로 구미가 당기는 맛이 아니다. 당신이 고수의 맛을 즐기는 과인지 아닌지는 단 1개의 유전자로 결정된다.

맛을 느끼는 능력의 흥미로운 차이점에 대해 내가 좋아하는 광고 문구를 빌려 말하자면 "상상 그 이상이다."

슈퍼테이스터Supertaster라 불리는 특정 집단의 사람들이 있다. '슈퍼'라는 기막힌 단어는 린다 바르토슈크 교수가 붙인 것이다. 그녀는 설탕 대용물을 연구하던 중, 실험 대상자의 약 4분의 1 정도가 뒷맛이 쓰다고 보고한 것을 알게 되었다.

그렇다면 이 슈퍼테이스터들의 차이점은 무엇일까? 두 가지를 들 수 있는데 다음과 같다. 그들은 혀 표면의 작은 돌기들인 미각 수용체가 더 많이 있어 그 돌기들이 특정 화합물들을 쓴맛으로 느끼게 만드는 유전자를 가지고 있다. 이 유전자의 다른 유형을 가지고 있는 사람들은 이러한 특정 화학물질을 접하더라도 아무 맛도 느끼지 않는다.

인구의 약 25퍼센트 정도가 슈퍼테이스터들인 것으로 알려져 있다. 약 50퍼센트는 미디엄테이스터들이며 남은 25퍼센트는 이른바 논테이스터들이 차지한다. 논테이스터들은 이름처럼 완전히 미각을 잃은 채로 인생을 단조롭게 사는 사람들이 아니다(머리의 특정 부위에 타격을 입으면 그럴 수도 있겠지만). 그저 맛을 식별하는 능력의 범주에서 하위에 속할 뿐이다. 그리고 이 범주들에 남녀의 분포가 균등하지는 않다. 여성들이 슈퍼테이스터일 가능성이 더 높은데도 말이다. 좋을 대로 해석하길 바란다.

🧬⊫ DNA의 모든 것을 이토록 쉽고 재밌게 설명하다니!

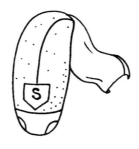

슈퍼 헛바닥

나는 슈퍼테이스터란 말을 무척 좋아하지만 이 용어에는 약간 오해의 소지가 있다. (적어도 내게는) 불길이 치솟는 고층건물에서 아기들을 구출해 내는 망토 입은 헛바닥을 연상시키니까.

맛을 강하게 느끼는 때가 더 많고 다른 사람들은 느끼지 못하는 쓴맛을 감지할 수 있다는 것이 끝내주게 좋은 점일 리는 없다. 슈퍼란 명칭에 딱 어울리는 무언가가 있다면, 그것은 남모르게 감내해야 할 불편이다. 미각 능력이 부족한 사람들, 그러니까 미디엄테이스터들과 논테이스터들은 '모르는 게 약'인 범주에 들 수 있는데 말이다.

그럼 당신이 슈퍼테이스터인지 아닌지 어떻게 알 수 있을까? 약간의 PTC 종이 스틱을 주문해서(구글에서 검색하기만 하면 된다. 아마존에서도 판다) 그 종이들이 쓴맛인지 아닌지 확인해 보기만 하면 된다. 당신의 미뢰 개수를 세어 볼 수도 있다. 전체 헛바닥 위에 있는 미뢰들을 다 세라는 게 아니다. 불가능하진 않지만 무척이나 지루할 것이다. 그러니 다음과 같이 하면 된다.

● 파란색 식용 색소를 챙겨 가지고 화장실로 들어간다. 주변에 아

무도 없는 것을 확인하고 문을 잠근다. 그 별 거 아닌 과학 실험으로 혀가 파랗게 되었는데, 누군가 들어오는 바람에 대단히 민망하고 어색한 순간을 맞닥뜨리지 않도록.

- 링 라벨 스티커를 1개 준비한다. 이것으로 미뢰를 셀 특정 영역으로 표시할 것이다.
- 파란색 식용 색소를 면봉에 묻히고 당신의 혀에 문질러 혀를 물들인다. 혓바닥이 파랗게 염색이 되고 맛을 느끼게 하는 미뢰(정확하게는 용상유두)는 분홍빛 그대로 남아 있을 것이다. 그 작은 링 라벨 스티커를 혀 위에 붙인 후 구멍 안쪽의 분홍 돌기들을 세기 시작한다. 분홍 돌기가 15개 미만이면 당신은 논테이스터이고, 15~30개면 미디엄테이스터, 그리고 30개가 넘으면 슈퍼 울트라 테이스터다!

당신이 미각적으로 얼마나 뛰어난지 당장 가서 확인해 보시라. 어디 한번 보자. 그 링 라벨 스티커는 삼키지 않도록 조심하고.

고맙다, 미토콘드리아

당신 몸의 세포 안에는 미토콘드리아라고 불리는 아주 독특한 세포기관들이 있다. 그것들이 아무리 당신에게 질적으로 도움이 되고 양적으로 풍부하다고 하더라도 그들은 엄밀히 말하자면 '당신의 것'이 아니다. 미토콘드리아는 사실 작디작은 세포 세계의 밀입국자라고 할 수 있다. 그들은 그들만의 DNA를 따로 갖고, 그들만의 일정을 세우고, 원할 때는 언제든 자기 자신을 복제한다. 그들은 독자적으로 생계를 꾸려 나갔던 적이 있는 만큼 이 정도 수준의 자율권을 행사하는 것은 당연하다. 그들의 세포 속 거주에 대해서는 보통 세포 내 공생설로 설명된다.

그들이 세포 안에 살게 된 사연은 다음과 같다(말도 못 하게 단순화시켰다).

아주 먼 옛날에, 만프레드라는 이름을 가진 미토콘드리아가 한 마리 살고 있었다. 그는 에너지 저장 분자인 ATP, 즉 아데노신삼인산을 만들며 아주 멋진 시간을 보내고 있었다. 그는 ATP 만드는 일을 너무 좋아했다. 이 일은 그에게 성취감과 더불어 삶의 목적을 안겨 주었다.

어느 날 그가 평소처럼 둥둥 떠다니고 있을 때, 자신보다 1,000배 더 큰 세포 하나가 다가왔다. 만프레드는 이 거대한 야수의 그림자 속에 몸을 웅크렸다. 그는 도망치려 애썼지만 소용없었다. 야수 같은 세포는 단숨에 그를 집어삼켰다.

일단 세포 속에 들어간 만프레드는 공포에 사로잡혀 주위를 둘러보았다. 언제라도 산성 물질로 충만한 리소좀이 그를 산 채로 소화시킬 것이었다. 이렇게 죽게 되다니. 하지만 근처에는 리소좀이 한 마리도 없으므로 만프레드는 마음을 가라앉히기 위해 ATP를 생성해 내기 시작했다. 그는 많은 양의 ATP를 분출했는데 놀랍게도 옆에 있던 여러 리보솜과 효소가 이게 웬 떡이냐 하며 그것을 게걸스럽게 먹어치웠다. 그들은 ATP로부터 세포 속 활동을 수행할 에너지를 얻고 있었다. 우쭐해진 만프레드는 주변에 떠다니는 글루코스 당을 발견하고는 그것들을 어느 정도 사용하여 ATP를 좀 더 많이 만들었다. 그가 거기 있다는 사실을 아무도 모르는 듯했고, ATP는 주변의 모든 이들에게 유용해 보였다.

세포 안에서 며칠을 지낸 뒤 만프레드는 안정을 찾기 시작했다. 사실 예전에 세포 밖에 살면서 느꼈던 것보다 훨씬 더 안전하다고 느꼈다. 그래서 그는 이 세포 안에서 영원히 머물고 이곳을 고향이라 부르기로 마음먹었다. 그는 자기 자신을 반으로 쪼개기를 여러 번 반복하면서 수를 늘려 갔다. 그때까지도 세포는 개의치 않는 것 같지 않았다. 이 얼마나 놀라운 일인가.

그렇지만 얼마 지나지 않아 거대한 세포는 이상한 행동을 하기 시작했다. 일제히 이리저리 움직이는가 싶더니 이윽고 세포 가운데를 끊어져라 조이기 시작했다. 만프레드의 딸 미토콘드리아의 절반이 맞은 편에 있었는데 세포가 둘로 갈라지자 그는 엄숙하게 그들에게 작별을 고했다.

DNA의 모든 것을 이토록 쉽고 재밌게 설명하다니!

만프레드는 다른 세포에 있는 그의 자손들도 그렇게 할 것이라는 것을 알고, 더 많은 아기 미토콘드리아를 만들어 자신을 위로했다. 이 세포는 분명 그 영문도 모를 조이기 작업을 다시 강행할 것이고, 이번에는 만프레드가 미리 대비를 할 것이다.

끝.

그리고 만프레드의 시련이 있은 지 수백만 년이 지난 오늘날, 우리 모두는 이 미토콘드리아 후손들을 세포 하나하나에 모두 간직하고 있다. 게다가 그 후손들은 여전히 우리에게 ATP를 만들어 주는 호의를 베풀고 있다. 이 ATP는 우리의 세포들이 단백질을 만들고, 이동하고, 그리고 무엇보다도 노폐물을 배출하는 데 유용하게 쓰일 수 있다. 그 미토콘드리아들은 매우 유익한 세포 속 세입자들이다.

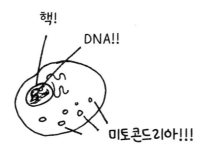

미토콘드리아가 만들어 내는 ATP는 3개의 인산기(DNA 곁사슬, 즉 가로대에 있는 그 인산기)로 둘러싸인 아데닌(DNA에 있는 그 아데닌)으로 구성된 하나의 분자다. 미토콘드리아가 실제로 하는 일은 바로 세포 주위를 떠나니는 아데노신이인산에 세 번째 인산기를 붙이는 것이다. 그들은 인산기 하나를 붙여 아데노신삼인산을 생성하는데, 이 아데노신삼인산은 세포 이곳 저곳을 정처 없이 돌아다니다가 매우 다양한 세포 속 활동들에 쓰인다.

'쓰인다'라는 말에는 ATP가 ADP로 도로 전환된다는 뜻이 들어 있다. 이 전환 과정에서 세포가 활용할 수 있는 에너지가 작은 폭발로 방출된다. 지금까지 내가 언급했던 모든 종류의 활동, DNA 복제, 단백질 생성, 그리고 굉장한 것들은 실은 ATP와 ATP가 갖고 다니는 에너지가 있기에 가능한 것들이다.

이런 의미에서 세포는 가장 친환경적인 에너지 기술을 사용하고 있다. 왜냐하면 미토콘드리아에 의해 ADP는 재활용되어 도로 ATP 형태로 돌아가기 때문이다. 그리고 이 ATP는 다시 ADP로 돌아가서 세포가 자신의 일을 하도록 돕는다. 이는 매우 효율적이고 거의 낭비가 없는 시스템이다. 이봐 세포, 인정! 그렇다면 우리는 자동차와 난방을 가동시킬 때 어떤 방식으로 이와 같이 끝내주는 효율성을 꾀할 것인가? 대답할 사람 누구 없나?

앞에서 설명한 당신의 세포 속에 지금 이 순간 들어 있는 미토콘드리아가 전적으로 당신 어머니로부터 온 것이라는 내용을 기억할지 모르겠다. 당신은 단 1개의 미토콘드리아도 당신 아버지에게 받은 일이 없다. 그것은 미토콘드리아가 당신 아버지를 든든한 가장이자 멋쟁이 신사임을 인정하지 않아서가 아니다. 그저 당신 아버지의 정자가 결과적으로 당신으로 변할 수정란에 어떤 미토콘드리아도 더하지 않기 때문일 뿐이다.

자, 이미 말했다시피 미토콘드리아는 독자적인 DNA 한 세트를 가지고 있다. 이는 매우 당연하게도 미토콘드리아 DNA라고 불린다. (이름

▶━━◀▥▥ DNA의 모든 것을 이토록 쉽고 재밌게 설명하다니!

이 모든 걸 설명해 주다니 멋지지 않은가?) 당신과 당신의 어머니는 정확하게 똑같은 미토콘드리아 DNA를 가지고 있다. 단 당신이 태어난 이래로(좀 더 구체적으로 말하면 장차 당신으로 자라게 될 수정란이 당신의 어머니로부터 자신만의 미토콘드리아를 획득한 이래로), 당신과 어머니가 축적해 온 무작위적 돌연변이는 같지 않다.

미토콘드리아 DNA 속 돌연변이들은 보통의 핵 DNA(당신의 핵 속 DNA)에서 일어나는 방식과 똑같은 방식으로 일어난다. 예를 들어 무작위적 오류, 노화, 그리고 방사선과 같은 외부 영향으로 일어나는 것이다.

미토콘드리아 DNA 속 돌연변이들은 종종 해를 끼치지 않으면서 가계도 구성에 활용되기도 한다. 두 사람의 미토콘드리아 DNA가 비슷하면 비슷할수록 더욱더 최근에 공통의 조상을 가졌음을 의미한다. 하지만 이런 미토콘드리아 DNA(줄여서 mDNA)의 돌연변이들 역시 유전적 질병을 야기할 때도 있다.

돌연변이 mDNA로 인한 가장 흔한 질환은 멜라스 증후군(MELAS)인데, 원래 이름은 (각오하시라) 미토콘드리아성 뇌병증, 젖산 산증, 그리고 뇌졸중 유사 삽화다. 그렇다. 단어보다는 문장에 가깝다. 이 질환의 병태가 여러 가지 다양한 방식으로 나타날 수 있기 때문에, 저런 말도 안 되는 긴 이름을 갖게 된 것이다. 이 병에 걸린 사람들은 아마 보통 사람들보다 키가 작을 것이고, '뇌졸중 유사 삽화'를 겪을 수도 있는데, 이는 두통, 구토, 그리고 시력 저하를 수반할 가능성이 있다. 그리고 이 멜라스 증후군은 제2형 당뇨병과 청력 손실을 가져올 수 있다.

믿거나 말거나, 이런 광범위한 증상은 단지 미토콘드리아 DNA 속

단 하나의 차이, 즉 염기서열 3,243번 자리에 A(아데닌)가 아닌 G(구아닌)가 있기 때문에 유발되는 것이다. 문제를 일으키는 데 하나면 충분하다. 정말로 딱 한 개의 사소한 변화로 전체 시스템이 균형을 잃게 된다. 미토콘드리아가 이렇게나 중요하다. 그들이 만들어 내는 ATP가 당신이 행하는 모든 것에 꼭 필요하니 말이다.

고등학교 때 생물 선생님께서 (언제나) 이런 말씀을 하셨다. "생물학에서 언제나 맞고 절대 아니라라는 말은 맞는 말이 아니다." 자기모순적이긴 하지만 매우 타당한 규칙이기도 하다. 그래서 나는 보통 '모든 세포들이' 이렇게 한다, 저렇게 한다라고 말하지 않는다.

하지만 미토콘드리아의 경우, 나는 정말로 미토콘드리아가 당신이 행하는 모든 일에 영향을 주기 때문에 그렇게 말한 것이다. 미토콘드리아가 없으면 당신의 세포들은 무엇인가 많은 일을 해낼 만큼 충분한 에너지를 가질 수 없을 것이다. 이 작은 녀석들은 매우 중요한 존재들이다. 고맙다, 미토콘드리아!

위대한

미토콘드리아

▷━◁▥▥ DNA의 모든 것을 이토록 쉽고 재밌게 설명하다니!

혈액형의 속사정

내가 열일곱 살 때 헌혈을 하러 간다고 하자, 주위에서 다들 호들갑을 떨었다.

"명심해, 헌혈하기 전에 물을 많이 마셔."

"차 가져가지 마. 분명 돌아올 때 운전하지 못할 테니까."

"일어날 때 천천히 일어나. 그래야 기절하지 않아."

맹세코, 나는 1파인트(470밀리리터) 정도의 피를 뽑았고 몸 상태는 완벽하게 정상이었다. 나는 사람들이 나를 그렇게 허약하고 소심한 사람으로 생각한다는 것이 짜증 났다.

헌혈한 후, 적십자 재단에서 내게 정식으로 헌혈인 카드를 보내왔다. 그들은 카드에 도장을 찍고 앞으로 내가 헌혈할 날짜들을 모두 적어 두었다. 친절하기도 해라! 그리고 가장 중요한 점은, 그들이 헌혈 카드에 내 혈액형을 B−로 기입해 놓았다는 것이었다. 혈액 검사에서는 중간 등급을 받은 듯했다.

그 당시 내가 몰랐던 사실은 B− 혈액형이 극도로 귀하다는 것이다. 전체 인류 중 단 2퍼센트만이 이 혈액형을 가지고 있다. 나는 (헌혈하고도 멀쩡할 만큼) 혈기 왕성할 뿐만 아니라 특별하기까지 하다는 사실이 입증되었다. 혈액은행에서는 내게 계속해서 전화를 걸어 왔다. B− 혈액형을 가지고 있는 사람보다 유일하게 더 희귀한 것은 바로 B− 혈액을 기증하는 사람이 아닐는지.

몇 달 후 두 번째로 헌혈하러 갔을 때, 1파인트 분량의 피를 뽑힌 후 솔직히 말하자면 정말로 살짝 개운치 않음을 느꼈다. 나는 사과주스를 마시고 쫄깃한 초콜릿 칩 쿠키를 먹으며 5분가량 더 대합실 의자에 앉아 있었다. 어쨌든 멀쩡했다.

몇 달 후 전화가 다시 오기 시작했다. 우리에게 당신의 맛 좋은 붉은 황금 몇 방울을 나눠 주시지 않겠습니까? 그러지요. 그것이 나의 마지막 헌혈이었다. 10분 동안 충분히 안정을 취한 뒤, 화장실로 가기 위해 일어섰는데 갑자기 그대로 바닥에 퍽 엎어졌기 때문이다. 그 일이 있은 뒤로도 그들은 내게 계속 전화를 걸어 왔지만, 나는 그들에게 내가 담배를 50개피 폈고, 피어싱을 스무 군데쯤 했고, 수차례 콘돔 없이 성관계를 했다고 말하자 그들은 두 번 다시 내게 연락하지 않았다.

그들이 그토록 내 피를 흠모했던 것은 무엇 때문일까? 내 혈액 세포, 즉 혈구에 붙어 있는 단백질들 때문이었을 것이다. 사람들이 내게 혈액형을 물을 때, 그들이 알고 싶어하는 것은 바로 이 단백질들이다.

▶━━◁◻◻◻◻ DNA의 모든 것을 이토록 쉽고 재있게 설명하다니!

A형, B형, O형

당신의 혈구에는 세 가지 종류의 항원이 있다(항원이란 단백질의 한 유형을 쓸데없이 어렵게 부르는 용어다). A형, B형, 그리고 둘다없음형, 그래서 우리는 이 세 가지를 A형, B형, 그리고 O형이라 부른다.

(시리얼처럼 생겼네, 그치?)

자, 당신은 혈액 항원들과 관련된 두 가지 유전자를 가지고 있으며, 그중 하나는 엄마에게서 또 하나는 아빠에게서 받았다. 만약 당신이 A형 복사본을 2개 얻는다면 당신의 혈액형은 A형이다. 만약 당신이 A형 복사본 1개와 O형 복사본 1개를 얻는다면 당신의 혈액형은 여전히 A형이다. 혈액형 B도 이와 같은 식이다. B형이라 함은 당신이 B형 복사본 2개 혹은 B형 복사본 1개와 없음형(아니면 O형으로 알려져 있는) 복사본 1개를 가짐을 의미한다.

만약 당신이 엄마로부터 A형을 아빠로부터 B형을 얻는다면(혹은 거꾸로 엄마로부터 B형을 아빠로부터 A형을 얻는다면) 당신의 혈액형은 AB가 된다. 둘 다 모두 발현되는 것이다. 이 경우, 한 유전자가 다른 유전자를 가리는 일 따윈 없다. 마지막으로 만약 당신이 없음 형 복사본 2개를 얻는다면 당신은 O형이다. 그렇다고 혈구에 이상이 있다는 뜻은 아니다. 그저 당신의 혈구 겉표면에 특정 단백질이 나타나지 않는다는 뜻일 뿐이다.

양성과 음성

그런데 나는 혈액형의 양성(+)과 음성(−) 부분에 대해서는 아직 설명하지도 않았다. 이 부호는 혈액 세포에 붙어 있는 또 다른 중요한 표면 단백질을 일컬으며, 이 표면 단백질을 Rh인자라고 부른다. Rh는 레서스원숭이를 뜻하는데, Rh인자가 이 작은 원숭이 친구와 함께 실험을 하던 중 발견되었기 때문이다. 이 경우, 당신이 Rh를 가지고 있는지, 아닌지 두 가지 가능성이 존재한다. 만약 당신이 Rh인자를 가지면 당신은 Rh 양성으로 판정된다. 만약 당신이 나처럼 Rh인자를 가지고 있지 않으면 당신은 Rh 음성인 것이다. 하지만 음성이라고 해서 당신의 피가 일반적으로 성질이 못되고 뚱하다는 뜻은 아니다. 오히려 그 반대다. 내 피로 말할 것 같으면 파티의 분위기 메이커이자, 쉴 새 없이 농담을 건네고, 심지어는 파티가 끝난 후에도 남아서 정리를 돕는… 내가 생각해도 너무 삼천포로 빠졌다.

Rh 양성은 우성이다. 당신을 Rh 양성으로 만드는 데에는 오직 Rh 양성 유전자가 하나만 있으면 되기 때문이다. 당신은 어머니로부터 Rh 양성 유전자를 받고 아버지로부터 Rh 음성 유전자를 받았을 수도 있지만, 그랬더라도 당신은 여전히 Rh 양성일 것이다. 1개면 충분하다. 당신이 음성 혈액형을 가지려면 양성 유전자를 아예 가지고 있지 않아야 한다.

DNA의 모든 것을 이토록 쉽고 재밌게 설명하다니!

대부분의 사람들은 Rh인자를 가지므로 양성으로 판정된다. 일단 음성 Rh인자를 야기하는 유전자는 드문 편이기 때문에 이런 유전자를 2개 갖는다는 것, 그래서 음성 혈액형을 갖는다는 것은 더 드물다.

혈액형 맞춤

만약 O-형은 '만능공혈자' 혈액이고 AB+형은 '만능수혈자' 혈액인지 궁금한 적이 있다면 아마 이제 그 이유를 확인할 수 있을 것이다. 함께 생각해 보자.

어떤 사람에게 수혈이 필요할 때, 그 혈액은 그가 이미 갖고 있는 혈액과 충돌할 수는 없다. 무엇보다 주목할 것은, 외부 혈액에는 수혈자의 혈액이 이미 가지고 있지 않은 단백질이 들어 있을 수 없다는 점이다. 그런 종류의 이질적인 표면 항원과 단백질은 인체로 하여금 "저것의 정체를 인식할 수가 없어! 우리 편이 아니야! 없애 버리자!"라는 반응을 하게 만드는 원인이 된다.

O-형 혈액은 기본적으로 그런 단백질을 조금이라도 표면에 가지고 있지 않으므로 따지고 보면 이것이 O-형 혈액이 기술적으로 누구에게나 투입될 수 있는 이유다. 표면은 완전히 맨들맨들하고 문제적인 반응도 일으키지 않을 것이다.

정반대의 이유로 모든 종류의 항원들을 지니는 AB+형인 사람은 인체가 인식하지 못할 단백질을 가진 혈액은 조금도 받을 수 없을 것이다. 단 누구나 일정량의 O-형 혈액을 받을 수 있고 AB+형인 사람은 그 누구의 혈액도 받을 수 있다 하더라도 병원에서는 일반적으로 당신의 혈액형과 정확히 일치시키는 것을 목표로 한다. 내 생각에는 좀비가 출몰하는 대재앙이 닥쳐 혈액 주머니가 극심하게 부족한 상황이 아닌 한 그들이 완벽하게 일치하지 않는 혈액을 당신에게 수혈하지는 않을 것이다.

혈액형 맞춤에 대한 또 한 가지 재미있는 사실이 있다. 임신한 여성과 발달 중인 태아의 Rh인자가 서로 일치하지 않는 경우, 다시 말해서 만약 산모가 음성인데 태아가 양성이면 동거 문제가 발생할 가능성이 있다. 산모가 음성이면 산모의 몸은 이제까지 한 번도 양성 항원을 만난 적이 없는 것이다. 만약 태아가 이 양성 항원을 가지고 있다면 산모의 몸은 격렬하게 반응할 것이다. 이러한 증상을 Rh 부적합증이라고 부른다. 혹은 내 방식대로 '임신한 여성의 피의 분노'로 부르거나.

좀 더 구체적으로 설명하자면, 산모의 면역계가 태아의 혈구를 격렬하게 공격하기 시작할 것이다. 만약 이런 현상이 경미한 수준으로 일어나면 아기의 피부가 노래지는 황달이 나타나는데 이는 태아의 적혈구가 파괴되면서 여기저기로 마구 튀어나온 빌리루빈 색소 때문이다. 이는 마치 피를 흘리는 것과 같다. 좋지 않은 경우다. 만약 정말 심각한 수준이면 아무래도 아기는 살아남지 못할 것이다.

ABO식 혈액형의 분포를 보면, 대부분의 사람들이 O형이며, 인구의 약 45퍼센트가 이 O형 혈액을 가진다. 그다음은 A형으로서, 40퍼센트에 해당하는 사람들이 그들의 혈구 표면에 A형 항원을 지닌다. 그리고 나 같은 B형인 사람들이 11퍼센트 정도 있다. 마지막으로 A형 유전자와 B형 유전자를 지닌 AB형은 인구의 겨우 4퍼센트를 차지한다.

양성(+)과 음성(−)과 관련하여 단연코 지배적인 쪽은 바로 양성이다.

DNA의 모든 것을 이토록 쉽고 재밌게 설명하다니!

인구의 84퍼센트가 양성이다(양성 만세!). 나와 같은 음성 혈액형은 16퍼센트를 차지한다. B-(인구의 2퍼센트에 해당한다)보다 더 희귀한 단하나의 혈액형은 A형 항원과 B형 항원을 둘 다 가짐과 동시에 Rh-인 혈액형이다. 이런 경우는 인구의 1퍼센트밖에 안 된다.

B형 혈액의 항원은 수천 년 전 아시아 대륙에서 비롯된 듯하다. B형은 드문 혈액형인데, 전 세계 인구의 B형 분포 지도를 만들어 보면 어떻게 고대 사람들의 느린 이주가 B형 항원을 서쪽으로 전파하였는지 알 수 있다. B형은 아직까지도 다른 어느 지역보다 아시아에서 훨씬 더 흔하다. 이런 사실이 나에게는 특별히 흥미롭다. 가장 최근에 내 선조들은 이 혈액형이 극히 드문 아일랜드와 스코틀랜드 출신이기 때문이다. 당신도 내 혈액형과 혈통에 매료되었을 게 분명하다.

그나저나, 이제 당신은 왜 그렇게 적십자 재단이 내게 전화를 해댔는지 이해할 수 있을 것이다. 혈액형 B도 흔하지 않은 데다 Rh 음성도 극히 드물기 때문에 그들에게는 내가 핏빛 욕망을 치워 줄 마법의 유니콘이었다. 그들을 더욱 안달나게 할 수 있었을 유일한 방법은 이거다. 내가 AB-형이었거나 혹은 의식을 잃고 바닥에 쓰러지는 일 없이 언제나 헌혈을 해줄 수 있었거나.

안과의사가 좋아하는 유전자

정말로 근시를 반기는 유일한 집단이 있다. 바로 안과의사들이다. 나 같은 사람들 덕분에 그들의 사업이 유지되는 법이다. 그렇지만 안과의사를 만나느니 치과의사를 만나거나, 찢어진 상처를 꿰맨다거나, 세차게 닫히는 차문에 손가락이 부러지는 편이 나을 것 같다. 내게 안과 검진은 그 정도로 정신적으로 고통스럽다. 그들은 내게 공기 퍼프를 쏘고, 눈에 염색약을 넣고, 망막을 확장시켜 밖에 나갈 수 없거나, 몇 시간 동안 가까운 곳도 볼 수 없게 만들어 버린다. 끔찍한 일이다. 하지만 내가 그렇게 느끼는 것은 내가 오랜 안과 방문 이력을 가지고 있기 때문일 수도 있다.

나는 유치원 때 처음 안경을 썼다. 그랬다. 창피스러웠다. 나는 안경 쓰는 걸 거부했다. 처음으로 안경을 갖고 유치원으로 가는 차에 타고 있던 것이 기억난다. 나는 안경을, 그러니까 그 파란 안경테를 손에 쥐고 있었다. 지금 생각하니 그 안경테가 예뻤던 것 같다. 엄마는 내게 안경을 쓰라고 다정하게 권유했다. 안경다리를 셔츠 칼라에 꽂으니 안경이 목에서 달랑거렸다.

엄마가 말했다.

"아니, 머리에다 써."

나는 사람들이 실내에서 선글라스를 벗어 머리에 걸치는 것을 본 기

▶━━◀▌▌▌ DNA의 모든 것을 이토록 쉽고 재밌게 설명하다니!

억이 나서 그대로 따라 했다.

"비어트리스, 안경 제대로 써."

하라는 대로 했다. 나는 착한 꼬마 비어트리스였으니까.

그런데 왜 나는 그렇게 일찍 안경을 썼던 것일까? 그리고 왜 나의 시력은 지금까지도 극도로 형편없는 것일까? 유전자들과 몇몇 다른 요인들의 합작품이 아니겠는가.

유치원에서는 안 먹히는 물건

나의 부모님 모두 안경을 쓰시고, 세 명의 형제자매 모두 역시나 현재 안경을 쓴다(유치원 때부터 써야 했던 사람은 없지만 말이다). 여기에는 매우 강한 유전적 요인이 있으며, 12개의 유전자들이 근시를 유발하는데 관련돼 있다. 그렇지만 근시는 현재 유전학적 비율과 맞지 않는 비율로 증가하고 있다. 미국에서는 인구의 거의 40퍼센트가 근시다. 중국과 타이완에서는 어린이와 청소년들 사이에서 근시 발생률이 80퍼센트에 달한다. 무슨 일이 일어나고 있는 것일까?

근시의 근본 원인은 수세기 동안 계속 논쟁거리가 되어 왔다. 근시의 원인은 유전학만의 문제일까? 아니면 성장 과정에서 우리가 눈에 손상을 주는 행동을 하기 때문일까? 예를 들어, 흐릿한 불빛 아래에서 얼굴을 처박고 책을 읽거나, 하루에도 몇 시간씩 컴퓨터 화면을 응시하거나, 혹은 아마도 TV에 너무 가까이 앉거나 하는 행동들 말이다.

빛을 처리하는 눈의 경우, 빛이 초점에 모이게 하려면 눈을 통과해서 곧장 올바른 각도로 안구 뒤편에 도달해야 한다. 돋보기를 그림 위에 갖다대는 이치와 같다. 만약 돋보기가 그림과 너무 멀거나 너무 가까우면 그 기능을 다할 수 없다. 제대로 된 상을 맺기 위해서는 돋보기가 특정 거리에 있어야 한다. 근시는 마치 돋보기를 그림에서 좀 너무 멀찍이 들고 있는 것과 같다. 이 경우 사물들은 흐릿하게 보인다. 전문용어는 '굴절이상'인데 이는 빛이 과녁, 즉 안구 뒤쪽에 있는 망막을 지나쳐 버리는 것을 의미한다.

근시를 유발하는 유전자들은 눈, 특히 무엇보다도 망막 신경들의 성장과 발달을 조절하는 유전자군들에 속해 있다.

만약 어떤 일이 단순히 유전학 때문에 일어나는 것이 아니라면 우리는 이를 '환경' 때문이라고 말한다. 환경은 산모의 자궁 속 상태부터 발달기 활동들, 섭취하는 음식, 노출된 오염원들, 그리고 시청한 영화들까지 모든 것을 포괄한다. 모든 것을 말이다.

근시를 유발할 수 있는 환경적 요인들은 '정밀한 작업' 같은 것들, 혹은 눈의 초점을 맞춰야 하는 모든 것들이 포함된다. 몇 세기 전 정밀 작업에는 분명 촛불을 켜 놓고 하프 선율이 흐르는 가운데 자수를 놓거나 펜글씨를 쓰는 예스러운 일들이 포함되었다. 오늘날 정밀 작업은 독서나 컴퓨터 화면 보기와 같은 활동들로 구성된다. 그래도 제발, 책 읽기에 어려움을 느끼는 젊은 독자에게는 이 사실을 알리지 말기로 하자. 그 말 한마디가 그를 평생 독서에서 멀어지게 만들 수도 있을 테니까. 새로운 아이디어에 마음을 여는 멋진 책을 읽는 게 좋을지, 아니면

DNA의 모든 것을 이토록 쉽고 재밌게 설명하다니!

전방 1피트(약 30센티미터) 이상을 맨눈으로 볼 수 있으면 좋을지 선택을 해야 한다면? 으음. (나는 당연히 책 읽기를 택한다.)

하지만 어째서 정밀 작업이 당신의 안구에 좋지 않은 영향을 끼칠 수도 있다는 것일까? 그 이유는 당신의 눈이 일련의 근육들로 작동되는데 그 근육들이 '잘못 길들여져' 나중에 문제를 일으킬 가능성이 있기 때문이다.

기본적으로, 당신의 눈의 근육 세트는 당신이 하이킹 코스의 지도에 초점을 맞추기 위해 적절한 시간에 구부리거나 긴장을 풀어야 하며, 얼마 지나지 않아 멀리 있는 곰을 보기 위해 조정해야 한다. 우리는 의식하지 않고 매 순간 이렇게 눈을 움직이는데 눈은 당신이 원하는 대로 제대로 움직이기 위해 고군분투하고 있다. 정밀 작업에서 우려되는 점은 가까이서 집중하기 위해 긴장하고 있는 근육들이 먼 곳을 보는 데 익숙해지지 않는다는 것이다. 어떤 사람들은 눈 운동(아마 멍하니 먼 곳 응시하기?)이 근시를 효과적으로 억제하여 사람들이 안경 없이 살수 있도록 해줄 수 있다고 주장한다. 심히 의심스럽게 들린다.

기억하자, 시력이 나쁘다는 것은 대부분 명백하게 유전적 성향이 강하게 작용한 결과다. 만약 부모님 모두 안경을 착용하신다면 압도적인 확률로 당신 역시 안경을 써야 할 것이다. 세계적인 근시 상승세는 유전학과 환경의 상호작용에 기인한다. 시력과 같은 여러 유전자들의 결과물인 복잡한 형질들에 대해 DNA는 당신에게 무엇인가가 발현될 가능성을 제공하지만, 당신이 내린 선택들 역시 그 가능성에 영향을 끼친다. 내가 유전적으로 시력 20/20, 즉 시력 1.0은 아닐 운명이었지만, 정말이지 아마 만약 내가 얼굴에서 불과 몇 센티미터 떨어진 곳에서 책을 들고 그렇게 많이 읽지 않았더라면 지금 내가 써야 하는 렌즈가 이렇게까지 엄청 두껍지 않았을 것이다. 내가 처음 타임머신을 사는 날, 나는 여섯 살인 내게 반드시 이 사실을 알릴 것이다.

어쨌든, 눈 근육의 문제에는 항상 지극히 독선적인 조언이 따르곤 했다. 나는 눈동자를 가운데로 모으지 말라는 핀잔을 들었던 기억이 난다. 사팔눈 장난을 멈추지 않으면 평생 사팔눈으로 살게 된다는 것이 그 이유였다. 심지어 누군가는 사팔눈을 치료하려면 안구를 빼서 정면을 보도록 다시 집어넣는 수술을 받아야 한다고까지 말했다. 생각만 해도 너무 끔찍해 사팔눈 뜨는 장난을 하고 싶은 생각이 쏙 들어가 버렸다.

눈이 피곤해!

DNA의 모든 것을 이토록 쉽고 재밌게 설명하다니!

빨강과 초록이
같은 색으로 보일 때

색맹에는 몇 가지 타입이 있는데, 가장 흔한 것은 적록색맹이다. 그리고 이것이 내가 여기에서 집중적으로 살펴보려고 하는 주제다. 나는 하고 싶은 건 해야 하는 성미이기 때문이다.

적록색맹인 사람들에게 크리스마스 시즌은 혼란의 도가니다. 크리스마스의 과도한 상업화와 정신 사나운 노래 가사들 때문이(예를 들면 "밖은 너무 추워[그리고 나는 아주 음침한 사람이야"]) 아니라 색맹을 앓는 개개인의 안구가 적색과 녹색의 차이를 구별하지 못하기 때문이다.

적록색맹은 과학자 존 돌턴의 이름을 따서 돌터니즘이라고 불리기도 한다. 그는 최초로 색맹에 대해 설명했다. 색맹은 X 염색체에 위치한 쥐꼬리만 한 작은 유전자 하나 때문에 발생한다.

X 염색체에 존재하는 것은 성과 연관된 조건을 만든다. 당신이 기억할지 모르겠지만 이는 당신의 성별이 어떤 증상, 이 경우에는 색맹의 여부와 관련되어 있다는 뜻이다.

색맹은 열성이다. 따라서 정상 색각을 암호화하는 유전자의 복사본 1개를 가지고 있는 한 정상일 것이다. 오로지 색맹 열성 유전자 2개를 대립으로 가진 경우에만 색맹으로 판정받는다. 대머리가 유전되는 방식과 유사하다. 실제로 대머리 형질처럼 여성보다는 남성에게 더 흔하게 발현되며 이유도 같다.

자꾸 반복하면 고장 난 레코드판이나 손상된 mp3 또는 최신기기 중 뭐가 됐든 거슬리게 들리겠지만 거듭 반복하건대 여성은 2개의 X 염색체를 갖고, 남성은 1개의 X 염색체를 갖는다. 남성의 다른 성염색체는 Y이다. 한 여성이 색맹이 되려면 그녀의 어머니에게서 색맹 유전자 1개와 그녀의 아버지에게서 색맹 유전자 1개를 얻어야만 할 것이다. 왜냐하면 그녀는 2개의 X 염색체를 가지므로 정상적인 색각 유전자를 얻을 두 번의 기회가 있기 때문이다.

이를 뒤집어 생각하면 남성은 색맹 유전자 1개만 얻어도 색맹이 된다는 것이다. 남성은 X 염색체가 1개뿐이기 때문이다. 따라서 한 개의 색맹 유전자를 가릴 수 있는 기회가 없다.

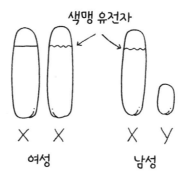

색맹 유전자

X X X Y
여성 남성

이 하찮은 유전자 하나가 어떻게 시력처럼 복잡한 문제에 영향을 끼치는지 이해하려면 우리는 안구에 대해 알아봐야 한다. 그 전에 내 콘택트렌즈 좀 빼야겠다.

이제 준비됐다.

안구. 당신의 얼굴에 박혀 있는 찐득찐득한 구. 빛은 동공을 통해 들어와서 안구 뒤편, 그러니까 뒤통수에서 제일 가까운 부위를 비춘다. 사실 카메라와 다르지 않다. 안구 뒤편은 레티나로서 이 부위에는 빛을 쬐는 것을 완전 좋아하는 빛수용체 세포들이 카펫처럼 깔려 있다.

당신은 간상세포들을 갖고 있다, 그리고 당신은 원추세포들을 가지고 있다. 간상세포는 전반적으로 '밖이 밝네' 혹은 '밖이 어둡네'와 같이 빛을 감지하는 데 정말 뛰어나다. 이것이 실제로 간상세포들이 하는 일의 전부다. 그러니 이 세포들은 망막의 보다 원시적인 쪽에 해당된다.

원추세포들은 색 감지에 특화되어 있는 수용체다. 원추세포에는 빨강, 파랑, 그리고 녹색, 이렇게 세 가지 종류가 있다. 이런 이유로 원추세포들은 구식 컬러 브라운관 TV와 무척 비슷하다. 브라운관 TV에 아주 가까이 다가가서 화면의 작은 빨강, 파랑, 그리고 녹색 점들을 보았던 기억이 나는가? 니켈로디언 오후 프로그램의 총천연색이 저 세 가지 색으로만 표현되어 있는 것을 보고 너무 신기했다. 맘에 쏙 들었다. 음, 아마 이것 때문에 내가 근시가 되었나 보다.

망막 이야기로 돌아가서, DNA가 수용체들에게 필요한 단백질을 암호화하기 때문에 수용체들은 자신의 역할을 수행한다. 망막에 있는 세포들이 당신에게 "저기 저 소방차는 빨간색이야"라고 말해 줄 수 있는 특정 단백질들을 가지고 있기 때문에 당신이 색을 분별하는 것이다.

색맹인 사람들은 보통 사람들이 빨강과 녹색의 차이를 감지하도록 돕는 눈 속의 어떤 색소에 대한 잘못된 유전자를 갖고 있었다. DNA 자체에 생긴 오류가 기형적인 단백질을 유발하고, 결과적으로 단백질이 자신의 기능을 수행하지 않는 것이다.

유전적 질환에 관한 한, 색맹은 그렇게 심각한 질환이 아니다. 많은 색맹 인구가 자신이 색맹을 앓고 있다는 사실을 알아차리지도 못한다. 하지만 어떤 사람들에게 색맹은 상당히 실망스러운 일이 될 수 있다. 지원 자격이 안 되는 직종들이 대단히 많이 존재한다는 사실을 알게 되면 말이다. 경찰관, 소방관, 그리고 조종사는 가장 유명한 직군들이자 색맹이란 사실을 깨닫기 전의 아이들이 흔히 열망하는 장래희망이기도 하다. 색맹을 앓는 축산물위생감시원, 인쇄 기술자, 그리고 카지노 딜러들조차 색맹 때문에 불이익과 차별을 받을 수도 있다.

소방관을 꿈꾸는 색맹인 사람들에게 전혀 희망이 없는 것은 아니다. 특별히 색맹의 강도가 다양한 수준으로 나타난다는 사실을 고려하여, 지난 10년 동안 이런 대단히 엄격한 기준들에 대해서도 약간의 탄력성이 생겼다. 안구들 때문에 직업 선택에 제한을 받지 않기를 나는 진심으로 바란다.

하늘이 하늘색인 이유

한번은 내가 돌봐 주던 이제 막 걷기 시작한 아이와 함께 공원에 갔다. 그 당시 그 여자아이는 언뜻 보면 나와 닮았었다. 우리 둘 다 갈색 웨이브 머리였고, 그 애가 나보다 더 어두운 기가 있긴 했지만(특별한 뜻은 없다. 내가 워낙 창백하니까), 얼굴색도 비슷했다. 공원에서 한 여성이 우리를 보고 말을 걸어 와서 어색한 대화가 시작되었다.

"이 애 당신 아이 아니죠?"

그녀가 거들먹거리며 물었다.

"아녜요, 전 베이비시터예요."

"네, 그런 것 같네요. 아이 눈은 갈색인데 당신 눈은 파란색이니까요."

나는 '네, 그래요, 어쩌라고요' 하는 표정을 지어 보이고서 꼬맹이 헤일리를 주시하며 베이비시터 임무를 계속했다. 그때 아이는 사다리를 올라가서 미끄럼틀을 타고 내려왔다.

"저기, 아주머니, 유전적으로 가능해요. 그러니 신경 끄세요." 내가 이 말을 했어야 했는데.

지금까지 눈동자 색은 정직한 멘델식 형질, 즉 갈색과 파란색, 이렇게 2가지 종류가 가능한 1개의 유전자에 의한 형질로 알려져 왔다. 갈색 눈이 우성으로 알려져 있었다. 만약 이것이 사실이었다면 2개의 열성 대립유전자, 즉 2개의 파란색 눈 유전자를 지닌 부모는 절대로 갈색 눈 아기를 갖지 못했을 것이다.

하지만 가능하다.

눈동자 색은 흔히 생각하는 것보다 좀 더 복잡한 문제다. 그런데 한동안 멘델식 유전으로 여겨졌던 이유는 눈동자 색을 결정하는 문제에 있어서 매우 중요한, OCA2라고 불리는 유전자 1개가 15번 염색체 위에 있기 때문이다. 이 유전자는 생성된 멜라닌의 양을 조절하는데 이 유전자의 한 유형은 갈색 눈을, 또 다른 유형은 파란색 눈을 유발할 수 있다.

단백질들이야!

하지만 절대로 이게 다가 아니다. 홍채에 존재하는 색소의 양을 결정함으로써 당신의 눈동자 색의 운명에 관여하는 몇 안 되는 (어떤 사람들은 12개쯤이라 추정하는) 유전자들이 존재한다.

우리의 눈은 우리 피부가 그렇듯 색소를 가지고 있다. 피부에는 멜라닌 색소가 있는데 이 색소에는 (진한 갈색인) 유멜라닌과 (주황빛이 도는) 페오멜라닌이라 불리는 두 가지 타입이 포함된다. 만약 눈에 멜라닌이 아주 많고, 그중 대부분이 유멜라닌이라면 대다수의 사람들이 그

▷━━◁▥▥ DNA의 모든 것을 이토록 쉽고 재밌게 설명하다니!

렇듯이 당신은 갈색 눈을 가진다.

만약 눈에 멜라닌이 부족하다면 당신은 파란색, 회색, 혹은 녹색기가 도는 눈동자를 가질지도 모르겠다. 멜라닌 색소가 없는 타입이 파란색 색소에 해당하는데 이것은 당신의 눈동자가 파란색이기 때문이 아니라 당신의 눈으로 들어오는 빛이 사방으로 튀고 산란되고 반사되어 다른 사람들 눈에 파란색으로 보이기 때문이다. 실제로는 쳐다보는 사람들 눈 속에 파란색이 있는 셈이다.

빛이 산란된 후 우리 눈에 '파란색'으로 인식되는 방식은 하늘이 우리 눈에 푸르게 보이는 이유이기도 하다. 마찬가지로 본질적으로 파란색인 것은 없다. 그저 우리에게 그것이 파란색으로 보이는 것뿐이다. 어휴, 이건 굉장히 심오하고 철학적 문제다.

우리가 본질적으로 무엇인가를 진정으로 보는 것이 아니라, 오히려 그것으로부터 반사되는 빛을 보고 있다는 사실을 떠올리니 이상한 기분이 든다. 우리는 눈이 그 반사된 빛의 파장들을 어떻게 받아들이는

가에 따라 대상으로부터 색을 알아내고, 궁극적으로 그 정보를 뇌까지 전달한다. 뇌는 모든 것을 처리한 후 우리에게 말해 준다. "저 거시기는 파란색이야."

나는 당신이 문득 주변을 둘러본 후 그 무엇도 실제 있는 그대로를 보고 있지 않음을 깨닫고 살짝 실존적 위기를 느꼈기를 바란다. 재미있는 생각들이다.

1억 개의 서로 다른 색을 구별하는 슈퍼시어

믿기 힘든 일이 색맹인 남자의 어머니와 딸에게 종종 사실로 나타난다 (그들의 누나나 여동생 중 50퍼센트도 마찬가지다). 그들은 나머지 우리 같은 사람들은 볼 수 없는 색들을 볼 수 있는 슈퍼 파워를 갖고 있는 슈퍼시어들이다.

앞 장에서 설명한 대로, 정상 시력은 우리 눈 속의 3가지 서로 다른 타입의 원추세포들에 기초한다. 각각의 원추세포는 100가지 다른 색들을 구분할 수 있기 때문에 총 100의 3승 개, 즉 100만 개의 색을 인지할 수 있는 셈이다. 이 정도가 보통이자 평균적인 아무개 씨의 시력으로 간주된다. 이런 사람들을 삼색형 색각자라 부르는데 그 이유는 그들이 세 종류의 기능성 원추세포들을 가지고 있기 때문이다.

색맹인 친구들은 기능성 원추세포들을 가지고 있긴 하지만 작동하는 원추세포가 2개뿐이어서 이색형 색각자라고 부른다. 이들은 겨우 100의 2승 개 혹은 만 개의 서로 다른 색조들을 분간할 수 있다. 100만 개에 훨씬 못 미치는 수준이다. 내가 잘 안다… 산수 문제니까.

그렇다면 이 슈퍼시어들은 어떨까? 그들은 4가지 다른 타입의 원추세포들을 가지며, 그래서 그들을 사색형 색각자라 부른다. 그리고 이

네 번째 원추세포는 그들로 하여금 하찮은 우리 삼색형 색각자들보다 100배 더 많은 색을 볼 수 있게 해준다. 슈퍼시어들은 1억 개의 서로 다른 색을 구별해 낼 수 있다. 나머지 우리들은 이름조차 알 수 없는 9,900만 개의 색을 슈퍼시어들은 추가로 볼 수 있다. 짐작하건대 누가 됐든 색 이름을 고안하는 사람은 삼색형 색각자일 것이다.

누군가가 슈퍼시어인지 아닌지 어떻게 알 수 있을까? 한 가지 방법은 컴퓨터로 생성한 점들을 살펴보게 하는 것이다. 이 테스트에서 3가지 서로 다른 점 그림들은 삼색형 색각자인 사람에게는 모두 똑같아 보인다. 사실 2개는 정말 정확하게 똑같으나 세 번째 것은 슈퍼시어만이 분별할 수 있을 만큼 미묘하게 다르다. 뛰어난 슈퍼시어라면 언제든지 머리카락 한 올만큼 미세하게 다른 점도 알아차릴 것이다.

이제 이 슈퍼시어들의 유전적 근거에 대해 알아보자. 나는 아까 이 능력이 색맹인 남자의 어머니와 딸에게서 관찰된다고 했었다. 실제로 그것이 슈퍼시어가 최초로 발견된 방법이었다.

1940년대에 네덜란드 과학자인 H. L. 더 프리스는 테스트를 통해 색맹인 남자들의 시력을 연구했는데, 그들에게 여러 색깔을 섞은 후 제시되는 견본에 따라 맞추라고 요청했다.

DNA의 모든 것을 이토록 쉽고 재밌게 설명하다니!

그저 심심풀이 땅콩으로 (아니면 1940년대에 사람들이 심심풀이 땅콩 대신에 썼던 아무 단어로), 그는 색맹인 남자들의 어머니들과 딸들에게 테스트를 진행했다가 우연히 그들이 가외의 색들을 보는 것 같다는 것을 알게 되었다. 하지만 그는 이 결론에 약간 멋쩍어하며 더 깊게 천착하지는 않았다.

어째서 색맹인 남자들의 어머니들과 딸들에게 이런 능력이 있는 것일까? 왜냐하면 그 남자들에게 색맹을 야기시키는 색맹 유전자의 운반체들이 그 남자들의 어머니들과 딸들이기 때문이다.

색맹 유전자는 X 염색체 위에 있으므로 여성들은 색맹에 대한 보험을 가진 셈이다. 여성이라는 함은 주로 X 염색체를 2개 소유함을 뜻하기 때문이다. 한 여성이 한 X 염색체 위에 기능성 유전자 1개를, 나머지 다른 X 염색체 위에 색맹 유전자 1개를 가지면 돌연변이가 일어난 원추세포를 추가로 하나 더 생성하는 결과를 낳는다. 만약 이 추가된 원추세포가 남자들 몸 안에서 생성된다면 이 세포는 그 남자들을 시력

면에서 불리하게 만든다. 하지만 세 가지 기능성 원추세포들 모두에 대한 유전자들과 추가된 원추세포 하나에 대한 돌연변이 유전자를 가지고 있는 이 여성들은 특별한 시각적 능력을 얻는다.

슈퍼 색각 능력을 지닌다는 것은 확실히 어떤 느낌일까? 나는 영 모르겠다. 하지만 슈퍼테이스터들처럼 그런 능력이 골칫거리와 다름없는지 궁금하다. 슈퍼시어들은 슈퍼시어가 아닌 사람들이 같다고 생각하는 색들의 불일치를 감지하고 그 때문에 짜증이 날 수 있는지 궁금하다.

"이것 봐! 이 장갑이랑 색이 정확하게 일치하는 스카프를 겨우 찾았다니까!"

"아니야. 다른 색이야. 하지만 속상해하지 마, 삼색형 색각자 친구야."

특정 직업들이 색맹인 사람들에게 권해지지 않는 식으로 슈퍼시어들이 특별히 능숙할 직업들이 따로 있는지도 궁금하다. 새 페인트 색깔을 개발하고 거기에 이름을 붙이는 일은 적합하지 않을지도 모른다. 왜냐하면 페인트 구매자들의 대부분은 삼색형 색각자들이어서 차이점을 구별하지 못할 것이기 때문이다. 나는 지금 한 줄로 진열된 빨간색 페인트 견본들을 상상하고 있다. 그 빨간색들이 슈퍼시어에게는 모두 조금씩 다르게 보이는데 내게는 모두 완전히 똑같아 보이는 상상 말이다.

우리는 색맹인 남자의 엄마와 딸이 사색형 색각자일 수 있다는 것을 알지만, 정확히 몇 명의 여성들이 이 슈퍼시어라는 분류 항목에 포함되는지 궁금하다. 추정하기로는 여성의 12퍼센트가 시각적으로 이런 식의 재능을 타고난다.

　나는 만화 속 캐릭터들에 대해 해박한 편은 아니지만 슈퍼시어는 어느 정도 진지한 과학적 영감이 가미된 만화책 총서가 될 수 있을지 모르겠다. 가외의 색을 볼 수 있는 슈퍼우먼은 거기에다 더욱 환상적으로 만드는 열선이나 X선 카메라 같은 시력까지 겸비했을 것이다. 내 생각에, 이런 능력은 투명인간(나는 현실 생활에서 이미 그런 기분을 느끼건만) 혹은 순간이동 같은 흔한 슈퍼우먼의 파워를 넘어선 실로 대단한 진보가 될 것이다. 그래, 만화책 작가들, 그거 고마워.

곧은 머리, 곱슬머리, 갈색 머리, 금발 머리

모발은 우리의 유전적 자아 중에서 가장 빈번하게 변화를 주는 부분일지 모른다. 커트, 염색, 파마, 그 밖에 화학적으로나 물리적으로 변화를 주는 제품 시장이 활개를 치고 있으며 그 기세가 전혀 수그러들 것 같지 않다. 사람들은 그야말로 머리카락에 별의별 짓을 다 한다.

당신이 바꾸고 싶어 안달을 하는 모발의 특성들을 결정하는 유전자들은 아주 복잡다단하다. 수많은 유사제품이 가득한 트레이더조(미국의 대형 유통업체—옮긴이)에서 식료품을 사려고 줄을 서 있는 동안 인파를 쳐다보기만 해도 알 수 있다. 갈색 곱슬머리, 검은 곧은 머리, 금발 웨이브 머리, 빨갛고 뽀글뽀글한 곱슬머리 혹은 굵은 모발, 얇은 모발, 손상된 모발, 양질의 모발 등… 두발의 특질들, 변형들, 그 조합들의 수는 끝도 없어 보인다. 그리고 이 모든 것은 그저 머리를 보호하기 위한 것이다. 한 발짝 뒤로 물러나 생각해 보면 정말 기이하다.

나 자신의 편향된 인간 경험에서 벗어야 할 때마다 나는 이것을 외계인에게 설명하면 어떻게 될까 상상하는 버릇이 있다.

"우리 인간은 머리에 단백질 가닥을 붙이고 다녀."

"왜?"

⊨━━⊏⊏⊏ DNA의 모든 것을 이토록 쉽고 재밌게 설명하다니!

"몰라. 우리 머리를 보호하기 위해서라고나 할까. 그런데 색, 두께, 그리고 질감이 다 다르게 나타나. 정말 잘 만들어졌어."

"나한텐 단백질 낭비인 것 같은데."

"그럴지도 모르지, 이 짜리몽땅 대머리 외계인 친구야."

외계인들이 거의 머리카락을 가지고 있지 않다는 것을 알고 있는가. 영화 제작자와 감독들이 머리카락의 존재가 지구상에서만 일어날 수 있는 진화적인 실수라고 생각한 것은 아닐까?

모발 유형

어쨌든, 당신의 모발이 곧은 머리인지 곱슬머리인지 결정하는 문제는 전적으로 당신의 모낭 모양과 관련 있다. 곱슬머리인 사람들의 모낭은 비대칭이며, 정신 없이 구불구불한 머리카락을 생산한다. 대칭을 이루는 전구 모양인 모낭은 곱슬기가 없는 아주 곧은 가닥을 만들어 낸다. 그리고 당신은 이 두 가지 극단적인 유형 사이에 해당되는 갖가지 웨이브를 얻는다.

머리카락을 모낭의 발아세포와 함께 뽑아 실험실에서 배양하면 모낭

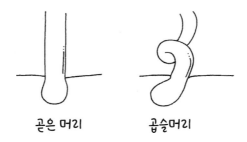

곧은 머리   곱슬머리

에서 머리에 있을 때와 똑같은 유형의 직모 아니면 곱슬머리가 생성된다. 따라서 우리는 모발의 파형은 모낭에 따라 결정된다고 여겨왔다. 하지만 일단 모낭의 모양에 영향을 주는 몇 가지 유전자들이 존재하며, 우리는 이 유전자들을 단 1개도 전혀 파악하지 못한 상태다. 그러니까, 늘 그렇듯이 하나를 알고 나면 모르는 것이 더 많아지는 법이다.

하지만 유전자의 여러 기능들 및 그 유전자가 어떤 형질에 기여하는지 밝혀지기 시작했다. 예를 들어, EDAR이라 불리는 한 유전자는 대머리, 직모, 그리고 뒷머리 양에 관여한다. 우아, 뒷머리라니! 뒷머리가 풍성한 걸 누가 마다하겠는가?

그리고 PAX3라 불리는 또 다른 유전자는 위쪽 뒷머리, 턱 보조개, 그리고 일자 눈썹과 관련되어 있다. 정말이지 이런 두발 관련 유전자들에 관한 흥미로운 사실들은 무궁무진하다.

모발의 색

이제 모발의 색에 대한 문제들로 넘어가자. 눈동자 색과 거의 흡사

▶◀▬▶◀▬◀▬▥ DNA의 모든 것을 이토록 쉽고 재밌게 설명하다니!

하게 머리 색깔에 기여하는 2개의 주요 색소가 있는데, 검은색을 띠는 유멜라닌과 황적색을 띠는 페오멜라닌이다. 짐작한 대로 붉은색 머리는 유멜라닌보다 페오멜라닌 색소를 더 많이 생성하는 사람들에게 나타난다.

지구 인구의 대부분이(외계인은 빼겠다) 다량의 유멜라닌 생산의 결과로 검은색 모발을 가진다. 내 말대로 붉은색 모발을 가진 사람들은 색소가 페오멜라닌에 치중되어 있는 것이며, 금발 머리 사람들은 게으른 나머지 어떤 멜라닌 색소도 충분히 만들지 못한 것이다.

광범위한 모발 색을 유발하는 유전자들에 대해서는 아직 충분히 설명되지 않은 상태다. 그중 몇몇 유전자에 대해 알고 있지만, 전체적으로 속속들이 파악하고 있는 것은 아니다. 다만 단편적인 것 몇 가지는 알고 있다. 예를 들어, 아이슬란드와 네덜란드 지역의 붉은색 모발을 가진 사람에 대한 연구를 통해, 붉은색 모발을 지닐 확률은 MC1R이라는 한 유전자에 영향을 받는다는 사실이 밝혀졌다. 특히 연구진들은 이 유전자의 특정한 자리에 DNA 염기서열 중 티민(T)이 하나씩 추가로 붙을 때마다 붉은색 모발을 가질 확률이 6.1배 늘어난다는 사실을 밝혀냈다. 이 MC1R 유전자는 멜라닌을 생성하는 데 관여하는 단백질을 암호화한다. 따라서 이 유전자에 변화가 한번 생길 때마다 모발 색에 영향을 미치게 되는 것이다.

물론 회색 모발로 나아가는 느리고 점진적인 진행 과정도 있는데 '노화'라고도 불린다. 바로 지금 당신이 겪고 있으며, 나도 마찬가지다. 내가 당신보다 몇 발짝 앞서 있는지도 모르겠다. 스물셋이라는 창창한 나이에 나의 첫 흰 머리카락을 얻었으니 말이다.

몇 년 후, 먹을 만큼 먹은 스물일곱 살이 되었을 때 나는 한 가지 아주 이상한 사실을 발견했다. 정수리에 흰 머리카락 한 올이 난 게 눈에 띄었다. 흰 머리카락을 뽑으면 그 자리에 장례식 열리듯 더 많은 흰 머리카락이 모여서 난다는 미신이 있지만 그럼에도 큰맘 먹고 그것을 잡아챘다. 나는 그 은색 가닥을 세심하게 살펴보고, 내 머리카락 끝부분은 흰색이지만 모근에 제일 가까운 부분은 원래 머리색인 갈색이라는 것을 알았다. 이런 경우는 불가능할 것이라 생각했는데 말이다.

나는 이 이상한 발견을 트위터에 올렸는데, 내가 얼마나 염색을 대충했는지 알 만하다는 답변들이 달렸다. 하지만 나는 절대 그런 적 없다.

내 생각에 흰 머리카락은 아마도 스트레스 때문인 것 같았다. 내가 일종의 마법사 혹은 선택 받은 인물일 가능성도 고려해 보았다. 어쨌든 나는 흰머리를 유도하는 신진대사 과정에 대해 연구하는 사람이 있는지 검색해 보았고, 영국 브래드퍼드대학의 세포학 교수이자 피부 과학 센터장인 데즈먼드 토빈 박사를 찾아냈다.

그는 모낭이 실제로 일정 기간 회색이었던 모발을 색소를 가지고 다시 만들어 낼 수 있는데, 다만 이런 현상은 모낭이 늙기 시작한 초반에 나타난다는 사실을 입증했다. 다시 말하면 이 특출한 모낭은 늙지 않기 위해 정말 열심히 노력하고 있었건만 곧 머리가 세고 말 것이었다.

또한 스트레스 탓이라는 것에 대해 새롭게 알게 된 사실은, 실제로 스트레스가 머리를 세게 한다는 증거는 전혀 없다는 것이었다. 머리가 세는 현상은 약간의 환경적/식이요법적 영향을 제외하면 거의 전적으로 유전적으로 결정되는 것이다. 스트레스를 받으면 머리가 희끗희끗해지는 것이 아니라 독살당할 수도 있다.

그러니 그렇게 젊은 나이에 흰머리가 났다고 모낭에게 화낼 일은 아니다. 대신 나는 내 DNA 때문에 화가 난다.

멜라닌의 마력

새삼스러운 얘기지만 당신은 분명히 피부를 가지고 있다. 그 이유는 피부 없는 삶이 불가능할 것이라고 어느 정도 확신하기 때문이며, 사람 피부가 완전히 벗어지게 되는 질환에 대해서도 우연히라도 들어본 기억이 없기 때문이다. 하지만 생물학이라면 그렇게 특이한 경우도 그저 시간 문제에 불과하다.

그렇다, 우리는 피부를 갖고 있다. 당신의 피부가 어떤 색인지는 당신이 가지고 있는 다른 색소의 양에 달려 있다. 당신이 백색증일지도 모를 일이며 나는 알 길이 없다. 우리는 만난 적이 없지 않은가.

정의에 의하면 색소들이란 빛을 흡수하는 화학물질이다. 그 색소가 흡수되지 않고 반사되는 빛의 어떤 부분이 색을 부여하는 것이다.

예를 들어, 식물계에서 우리 식물 친구들이 제일 좋아하는 색소들 중 하나인 클로로필은 가시광선 중 초록빛을 반기지 않기 때문에 이 빛은 보통 반사된다. 우리 안구에 부딪치며 우리 뇌에 "확인해 봐. 저 식물은 완전 초록색일 거야"라고 말해 주는 것이 바로 이 반사된 초록빛이다.

초록빛은 식물들이 가장 덜 유용하다고 생각해 초록빛이 식물들로부터 반사되도록 내버려두기 때문에 우리에게 식물들이 초록색으로만 보인다는 사실에는 어떤 깊은 철학적 의미가 있다고 확신한다. 우리는

▷▷▷▷◁▥◁▥◁▥ DNA의 모든 것을 이토록 쉽고 재밌게 설명하다니!

모든 색들 중 식물들이 가장 싫어하는 색으로 그 식물들을 보는 것이다. 뭐랄까, 마치 누군가의 쓰레기통을 뒤져서 그 사람을 파악하는 것과 같은 기분이다. 아니면 누군가의 예전 남자친구(혹은 여자친구)와만 이야기를 나누고 나서 그 사람의 성격을 판단하는 것과 같기도 하다.

물론 다음과 같은 사실도 존재한다. 우리가 식물의 색으로 정의한 '초록'은 본래 없으며 그냥 식물들이 반사시키는 빛의 파장이라는 실제적 크기만 있을 뿐이다. 그 파장을 해석한 후 (내가 가장 좋아하는 색이라 생각되는) 초록색으로 처리하는 주체는 바로 우리의 뇌. 개나 파리혹은 외계인은 그들 눈 속의 수용체들과 뇌의 정보 해석 방식을 기반으로 같은 나무를 보고도 각기 다르게 받아들인다. 당신이 실제로 보고 있는 것은 그 나무가 아니라 나무로부터 반사되고 있는 빛이다. 따라서 그 순간 나무들의 상태에 대해 당신은 전혀 보고 있지 않은 셈이다. 빛이 나무에서 튕겨 나와 당신 눈에 닿으려면 시간이 걸리기 때문에 언제나 제시간보다 10억분의 몇 초 늦게 된다. 아, 세상에 실재하는 것이 없다니!

이쯤에서 멜라닌으로 다시 돌아가자.

앞에서 언급했던 '빛의 어떤 부분'에 대해 잠깐 보충 설명을 하기 전에 먼저 전자기파 스펙트럼에 대해 논의할 필요가 있다. 전자기파 스펙트럼이란 용어가 생소하다면, 복싱장 아나운서가 마이크에 대고 하는 말, 즉 경기장 여러 벽에 부딪히며 메아리처럼 울리는 소리를 들어 보라. 전반적으로 용어와 친해지는 데 정말로 도움이 될 것이다.

전자기파 스펙트럼은 우주에 존재하는 파동들을 모두 아우른다. 라디오파와 같은 몇몇 파동들은 항상 우리 주변에 존재하지만 우리는 볼 수 없다. 우리가 눈으로 감지할 수 있는 파장들은 가시스펙트럼이라 부르는 전체적인 연속체 중 극히 작은 일부분에 해당된다. 비 그친 뒤 하늘에서 볼 수 있는 여러 색의 무지개, 즉 빨주노초파남보가 바로 가시스펙트럼이다.

우리에게 빨강으로 보이는 파장은 이 묶음의 빛들 중에서는 제일 길고 느린 빛이다. 파란색과 보라색 쪽으로 이동할수록 점점 파장은 짧고 속도는 빠른 빛을 만나게 된다. 계속 전자기파 스펙트럼을 따라 이동하면 보라색을 지나 종종 UV라고 불리는 자외선을 만난다. 아마

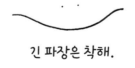

긴 파장은 착해.

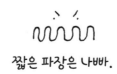

짧은 파장은 나빠.

▷━◁▷━◁▷ DNA의 모든 것을 이토록 쉽고 재밌게 설명하다니!

UV 광선이 우리에게 해를 끼칠 수 있으므로 스펙트럼 중 이 부분은 피하라는 말을 들어 본 적이 있을 것이다. 왜냐하면 파장이 짧고 빠를수록 그 파장들이 더 강렬하고 에너지로 가득 차 있기 때문이다. 파란 불꽃이 붉은 불꽃보다 더 뜨거운 이유가 이 때문이다. 파란 불꽃에 손대지 말기를 바란다.

이제 UV 이야기가 나왔으니, 우리에게 UV에 대한 보호막을 제공하는 즐거운 꼬마 색소, 즉 멜라닌에 대해 이야기할 수 있겠다.

멜라닌은 피부(그리고 모발과 홍채)에서 생성되는 색소다. 이 색소는 우리 피부에 색을 입혀 주고, 우리를 유해한 광선으로부터 보호한다. 앞서 언급했듯이, 멜라닌 색소에는 유멜라닌과 페오멜라닌 두 가지 종류가 있다. 다시 말하지만, 유멜라닌은 흑갈색을, 페오멜라닌은 적황색을 띤다.

흡사 에이미 애덤스와 해리 왕자처럼 흰 피부색, 붉은 모발, 주근깨를 가진 사람은 유멜라닌보다는 페오멜라닌을 더 많이 가지고 있으며, 이는 색소 유전자 조합에 따라 정해진다.

백색증은 제외하고, 피부색의 차이는 서로 다른 색소들이 있고 없고의 결과가 아니라 우리 몸이 생성해 내는 각각의 색소가 얼마나 많은가에 따른 결과다.

당신 피부에는 당신에게 멜라닌을 생산해 주는 멜라닌 세포라는 세포가 있다. 당신이 (나처럼) 밝은색 피부라면 그것은 좀 더 어두운 피부를 지닌 사람보다 멜라닌 세포의 양이 적어서가 아니라 당신의 DNA가 멜라닌 세포에게 멜라닌을 덜 만들라고 지시하기 때문이다. 그리고 어두운 색 피부를 지닌다는 것은 멜라닌을 더 많이 만든다는 것을 의미할 뿐이다.

멜라닌의 가장 훌륭한 점은 우리에게 해를 끼칠 수 있는 자외선을 흡수해서 흩어지게 한다는 것이다. 이런 광선들은 우리 피부 깊숙이 침투해서 세포 내부에 있는 DNA를 뒤죽박죽으로 만들어 버릴 수 있다. 따라서 과도하게 햇볕에 노출되면 암을 유발할 수 있는데, 종양억제유전자 DNA가 손상을 입으면 문제가 발생하기 때문이다. 암에 대해서는 나중에 더 자세히 이야기할 것이다.

요컨대 멜라닌은 우리들의 보호막이자 방패이기 때문에 멜라닌을 더 많이 가지고 있을수록 피부암에 걸릴 확률이 낮아진다. 그래서 내 취미가 자외선 차단이다. 아일랜드 출신인 어머니와 외할머니의 경우를 봐서 아는데 피부암은 절대로 장난이 아니다.

이쯤에서 당신은 멜라닌이 그렇게 두말할 것 없이 대단하다면 왜 누구는 피부에 멜라닌을 많이 만들지 않도록 명령하는 DNA를 갖게 되는지 궁금할지도 모른다. 이는 진화론적인 질문이다. 무엇이 더 밝은 피부의 자연선택을 이끄는 것일까? 여기에는 분명 다른 힘이 있을 것이다. 그 힘은 비타민 D다.

우리 몸은 몇 가지 일을 수행하기 위해 빛을 이용하는데, 눈으로 보기(너무 당연하다), 뇌의 수면–각성 주기 보정하기, 그리고 비타민 D 만들기와 같은 일들이다. 그러므로 햇빛에 대한 과도한 노출이 암을 유발할 수 있다고 해서 평생 동안 어두컴컴한 동굴에서 사는 것이 실행 가능한 선택지가 되지는 못한다.

만약 당신이 피부에 아주 많은 멜라닌을 가지고 있다면 비타민 D를 충분히 만들기 위해 햇빛에 더 많이 노출되어야 한다. 왜냐하면 멜라

☞━━⊂▭▯▯▯ DNA의 모든 것을 이토록 쉽고 재밌게 설명하다니!

닌을 통과해서 우리 피부 속에 침투하여 비타민 D가 한창 생산되고 있는 세포까지 닿으려면 어느 정도의 빛 파장이 필요하기 때문이다. 그런데 사람들이 유럽의 일부 지역처럼 태양광이 풍부하지 않은 장소로 이주하기 시작하자 너무 많은 멜라닌을 지닌 것 자체가 문제를 발생시켰다. 태양광이 약한 데다 그 약한 빛을 너무 많이 흡수하는 멜라닌 때문에 인체가 충분한 비타민 D를 생산하지 못한 것이다.

비타민 D 부족은 구루병, 즉 뼈가 물러지고 약해지는 질병을 초래할 수 있다. 이것이 바로 우유 광고들이 주구장창 뼈에 대한 우유의 효능을 내세우는 이유다. 우유가 (뼈를 단단하게 만들어 주는) 칼슘과 비타민 D를 함유하기 때문이다. 하지만 당신의 뼈는 시금치와 햇빛으로도 흡족할 것이다.

내 조상들이 비타민 D를 필요로 했다는 것은 나도 안다. 그 점은 존중한다. 하지만 내가 정확히 20분 만에 일광화상을 입을 때면 조상들이 정말 원망스럽다. 내 조상들은 어떻게 수백 년 동안 이 지구상에서 진화할 수 있었던 것일까? 대체 어떻게 내가 외출을 할 때마다 태양이 내 얼굴을 때려 보기 싫은 붉은 자국을 남길 수 있단 말인가? 어떻게?!

물론 햇볕에 살짝 노출되면 내 피부는 황갈색으로 그을린다. 결코 일부러 태운 것은 아니고, 뭐 그렇다는 얘기다. 나는 황갈색 피부를 얻기 위해라는 표현을 쓰는 사람은 아니다. 하지만 여기 이 대목에서 피드백 고리가 존재한다. 태양 광선에 노출되면 우리 몸은 멜라닌 세포에 신호를 보내서 멜라닌 생산에 박차를 가해 그 성가신 광선들을 막아내도록 한다. 밝은색 피부를 가진 사람들은 이런 증가된 멜라닌 표출 상태가 매력적이라고 생각한다. 그래서 그들은 오븐구이 통닭처럼 태양 아래에서 뒹굴거나 피부암 전기방(태닝 베드라고 하기도 한다)에서 느긋하게 누워 있기 위해 돈을 지불한다.

하지만 적어도 나는 멜라닌을 조금 가지고 있다. 백색증인 사람들은 멜라닌을 전혀 가지고 있지 않다. 백색증에는 몇 가지 유형이 있는데, 그중 하나는 제1형 눈피부백색증을 뜻하는 OCA1이라고 불린다. 여기서 C는 라틴어로 '피부'를 뜻하는 단어인 Cutaneous를 가리킨다. 이 유형의 백색증은 이미 예상했을지도 모르지만, 멜라닌과 관련된 그 유전자가 아니라 멜라닌을 생산하는 데 꼭 필요한 효소에서 돌연변이가 일어난 경우다. 결과적으로 피부, 모발, 홍채, 그리고 어떤 것에도 색소가 존재하지 않게 된다. 눈 색소가 부족하면 사람의 시력에 영향을 미친다. 안구 뒤쪽, 즉 우리가 눈으로 보는 행위를 실제로 가능케 해주는 망막에 존재하는 색소 역시 부족해지기 때문이다.

왼손잡이와 오른손잡이

왼손잡이는 여러모로 성가시다. 초등학교 때에는 교실에 1개밖에 없는 형편없는 왼손잡이용 가위를 사용해야 하고, 글씨를 쓸 때에는 종이 위에 손을 질질 끌며 문대는 통에 필기한 것이 희미하게 지워지고, 또한 사람들로 꽉 찬 저녁 식사 자리에서는 오른손잡이들과 서로 팔꿈치를 부딪친다. 골치 아픈 일이다. 나는 모든 일에 오른손을 쓰므로 개인적인 경험에서 우러나오는 이야기는 아니지만 왼손잡이인 사람과 결혼해서 살고 있고, 그의 절친 역시 왼손잡이이며, 시부모님 모두 역시 왼손잡이다. 나는 완벽하게 포위되었다!

사실 오른손잡이들이 자신들의 편의를 위해 설계한 세상에서 왼손잡이로 살면서 평생 겪는 자잘한 스트레스들은 실제로 우리 왼손잡이 친

10%.　90%.

구들의 수명을 단축시킨다. 또한 오른손이 아닌 왼손으로 연필을 쥐는 아이에 대한 차별이 아직도 존재한다. 이런 일은 수세대 전에 끝난 줄 알았건만, 나는 80년대 후반 세대로서 직접 겪어 봐서 안다. 그 당시에는 누군가가 왼손으로 연필을 쥐면 어김없이 장난 그만하라는 짜증 섞인 핀잔이 돌아왔다. 나는 이런 식의 사연들을 계속 들어 왔다. 선생님들, 왜 화를 내고 그러세요?

인구의 10퍼센트만이 왼손잡이다. 이보다 더욱 적은 1퍼센트의 집단이 양손잡이 혹은 양수잡이다. 그들은 양손을 호환적으로 사용한다. 중학교 때 양손잡이가 되려고 기를 쓰고 연습하던 친구가 있었다. 그 아이는 방대한 수업 내용을 필기할 때 손이 아프지 않도록 오른손과 왼손을 번갈아 사용할 수 있길 바랐다. 너무 우등생이어도 문제긴 문제다.

당신의 뇌에 관여하는 특질들에 대한 유전자들은 아직도 좀 베일에 싸여 있다. 우리는 단 하나의 유전자로 인한 결과들 혹은 순전히 신체적인 특징들을 다루는 특질들을 설명하는 데에는 능숙하다. 하지만 뇌에 영향을 미치는 다인자(어떤 유전 형질에 관여하는 다수의 유전자군—옮

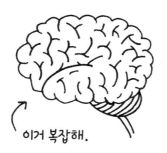

이거 복잡해.

▷━━▷═══◁⊏⊏⊏ DNA의 모든 것을 이토록 쉽고 재밌게 설명하다니!

긴이)에 의한 형질들, 말하자면 트럭 한 대 분량의 유전자들의 지령에 의해 생성된 형질들에 대해서는? 으악, 트럭 한 대 분량이라니.

당신이 어느 쪽 손을 더 좋아하느냐는 당신의 뇌가 어떻게 연결되어 있는가에 의해 결정된다. 유전적인 원인이 있긴 하지만, 이 문제는 당신이 부모로부터 어떤 DNA를 받았는지에 의해 전적으로 결정되지 않는다. 지금까지 알아낸 바로는, 어느 손을 주로 쓰는가는 25퍼센트 정도만 유전적으로 결정된다. 한쪽 손을 선호하는 문제에 영향을 줄 가능성이 있는 것들 중 하나는 아기가 한창 발달 중일 때 자궁 속 환경이다. 스트레스가 왼손잡이가 되는 원인과 관련이 있다는 말이 부정적으로 들린다는 것을 안다. 하지만 정말 그렇다는 게 아니다. 끝까지 읽어주길 바란다.

일란성쌍생아가 항상 같은 쪽 손을 선호하는 것은 아니기 때문에 한쪽 손을 선호하는 현상은 유전적인 문제만은 아니다. 여기서 내 남편의 가족들을 다시 한번 사례 연구를 위한 대상으로 활용할 수 있겠다. 나의 시아버지는 일란성쌍생아인데 시아버지는 왼손잡이지만 쌍생아 형제는 왼손잡이가 아니다.

왼손잡이 혹은 오른손잡이 선택에 관여할 가능성이 있는 유전자는 LRRTM1이라 불리는 유전자다. 그렇다, 멋진 이름이다. 이 유전자는 뇌의 대칭에 영향을 주는 경로들과 연관된다. 또한 이 유전자는 조현병과 같이 뇌의 비대칭으로 인한 결과로 나타나는 유전적 질환이 왼손잡이들 사이에서 더 잘 관찰되는 이유가 된다. 하지만 당신이 왼손잡이라면 조현병이 생길까 봐 걱정하지 말길 바란다. 그저 연관성이 증가하는 것뿐이다.

다른 한편으로 왼손잡이인 것은 당신을 좀 더 창의적이고 흥미로운 사람으로 만들 가능성이 더 높다. 순수예술가, 과학자 혹은 그 밖에 팔방미인 누구든 떠올려보자. 나는 그나 그녀가 왼손잡이였다고 거의 장담할 수 있다. 알베르트 아인슈타인, 지미 헨드릭스, 마리 퀴리, 마크 트웨인, 헬렌 켈러, 레오나르도 다빈치, 이들 모두가 왼손잡이였다. 잔다르크조차도 왼손에 검을 쥐고 휘둘렀다고 전해진다. 하지만 우리가 그걸 어떻게 정확히 알 수 있는지는 잘 모르겠지만 말이다.

역대 미국 대통령들 중 많은 수가 역시나 왼손잡이들이다. 또한 당신이 좋아하는 배우가 영화 속에서 문서에 서명하거나 수표 뒤에 이서를 해야 하는 장면들을 주의 깊게 살펴보라. 은막을 장식하는 사람들 중 얼마나 많은 이들 역시 왼손잡이인지 알면 놀랄 것이다.

이 말은 꼭 해야겠다, 좀 질투 난다.

신체 사이즈의 유전학

지구촌 곳곳에서 비만과의 '전쟁'이 한창이며, 연구자들은 몇몇 사람들을 특별히 과체중의 위험으로 내모는 유전적 인자들에 대해 주시하고 있다. 나는 이런 정보가 의도치 않게 부작용을 낳는 것은 아닌지 조심스러울 때가 있다. 그 부작용이란, 몇몇 비만인 사람들이 비만은 유전자에 의해 결정지어지기 때문에 식습관과 운동 습관을 바꿔 봤자 아무 소용없다고 항변할지도 모른다는 것이다. 덧붙여 유전학이 해서는 안 될 한 가지는 사람들의 희망을 앗아가는 것이다.

당신이 유방암, 당뇨병, 혹은 심장병을 앓을 유전적 가능성을 지니고 있을지도 모르는 것처럼, 만약 당신이 비만이 될 만한 유전적 성향을 갖고 있다는 것을 안다면 그것이 손을 내저으며 할 수 있는 일이 없다고 말할 이유가 되는 건 아니다. 오히려 그 반대다. 당신이 건강을 유지하기 위해 특별히 더 열심히 운동해야만 한다는 것을 의미한다. 당뇨병에 걸리기 쉬운 누군가가 설탕 근처에만 가도 조심해야 하는 것과 같은 맥락이다. 이런 이야기는 전혀 재미있게 들리지 않을뿐더러 '불공평'하게만 느껴질지도 모른다는 것을 나도 안다. 하지만 유전학에서 공평함이란 없다. 당신이 물려받은 DNA, 그리고 그 DNA를 가지고 무얼 하는가의 문제가 있을 뿐이다. 우리 모두 골칫거리 DNA들을 가지고 있는 셈이다.

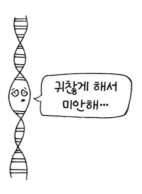

최근 연구 결과에 의하면 비만이 유전될 확률은 64~84퍼센트 정도다. 이 말의 뜻은, 부모가 비만이면 정말로 당신이 비만이 될 가능성이 높다는 것이다. 물론 이것은 어디까지나 추정이다. 이 경우에 유전적 요인들과 환경적 영향을 떼어 놓고 얘기하기는 극히 어렵기 때문이다. 비만 부모의 자녀들은 그들의 부모와 같은 음식을 먹고 같은 강도의 운동을 하기 때문에 과체중이나 비만이 될 확률이 더 높다는 말인가? 여기에는 고려해야 할 요인들이 아주 많다.

우리는 비만을 유발할 수 있는 유전자들의 정확한 목록을 알아내지 못했지만, FTO 유전자라 불리는 특별히 의심이 가는 유전자가 있다. 이 유전자의 특정 유형들은 체중 증가와 연관이 있다.

FTO 유전자는 DNA를 수정하는 어떤 효소를 암호화하는데 이 유전자는 지방 조직에서 더 활성화되는 것 같다. 이 대목에서 FTO 유전자가 대단히 의심스러워 보인다. 쯧쯧!

유전학, 식이요법 및 운동 외에도 당신이 가지고 있는 장내 박테리아의 특정 생태계는 당신이 당신의 식단에서 얼마나 많은 체중을 얻거

DNA의 모든 것을 이토록 쉽고 재밌게 설명하다니!

나 얻지 못하는지에 영향을 줄 수 있다. 그리고 당신의 몸속에서 어떤 세균이 돌아다니고 있는지는 당신이 매일 무엇을 먹는가에 지대한 영향을 받는다. 당신이 앉아서 챙겨 먹는 매끼로 세균의 군집들을 형성하는 셈이다.

몸의 다른 부분, 즉 키에 관해서는 80퍼센트가 유전적으로 결정이 된다. 나머지 20퍼센트가 '환경적' 요인의 영향을 받는데, 여기에는 당신이 섭취하는 것, 행동하는 것, 그리고 좋아하는 색깔(아니, 설마?)과 같은 것들이 포함될 수 있다. 당신이 잠재적 최고 신장까지 자라려면 당연한 말이지만 성장기 때 건강한 식단이 중요하다.

키 결정에 관여하는 유전자 중 하나는 GDF5라고 불린다. 이 유전자는 뼈의 성장 인자 역할을 하는 단백질을 위한 지령들을 지니고 있다. 하지만 이상하게도 이 유전자는 유럽 혈통 사람들의 신장 결과에만 영향을 끼치는 것 같다. 나는 왜 이 유전자가 한 집단의 사람들에게 적용될 뿐인지에 대해서는 전혀 아는 게 없다. 아마도 키 차이를 유발하는 GDF5 유전자의 돌연변이들이 다른 집단들 사이에서 발생한 적이 없었던 것뿐일 것이다. 유전학은 이렇듯 실로 희한하다.

우리는 아직 장신과 단신에 대한 주제를 다루지 않았다. 다음 장에서는 키와 관련하여 발생 가능하지만 극단적인 경우를 살펴보겠다.

난쟁이와 거인

사람들은 굉장히 놀라운 크기의 다양성을 보인다. 내 키는 5피트 8인치(1.73미터)인데, 이는 보통 성인 남자의 키이자 배우 마크 월버그의 키이기도 하다. 그 남자를 언제라도 만난다면 나는 우리 키가 정확하게 똑같다는 사실을 꼭 알려줄 것이고, 확인하고 싶다면 서로 손으로 코를 만져 보자고 제안할 생각이다. 그렇다, 내 머릿속을 차지하는 것들이 다 이렇다.

'세계 최단신' 타이틀을 놓고 경쟁하고 있는 사람들의 키는 20인치(0.5미터) 정도다. 역대 최장신인 사람들의 키는 9피트(2.7미터)에 육박한 적도 있다.

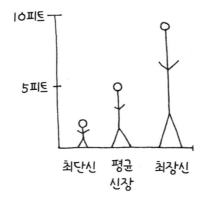

▷▷◁◁◁ DNA의 모든 것을 이토록 쉽고 재밌게 설명하다니!

물론 키와 관련해 스펙트럼의 양쪽 끝에 있는 사람들은 이것을 야기시키는 특정한 유전적 조건을 가지고 있다. 개인의 신장만큼이나 복합적인 형질은 약간 잘못될 수 있는 여지들을 많이 갖고 있다. 하지만 여기에서는 왜소증과 거인증이라는 두 가지 특별한 상황에만 집중할 것이다.

왜소증이 하나의 특정한 유전적 경로에 의해 유발되는 것은 아니다. 왜소증이 발생하는 데는 여러 가지 원인이 있다. 포괄적인 개념의 왜소증에는 그것을 유발하는 몇 가지 의학적 조건이 있는데, 그중 하나를 연골무형성증이라 한다. 한 유전자에 생긴 한 차례의 돌연변이 때문에 유발되는 질병이다. 그 돌연변이가 그처럼 광범위한 영향력을 갖는 이유는 그것이 발달 과정 중 개입된 유전자상 변화이기 때문이다. 가장 흔한 변화는 세포막에서 관찰되는 단백질에 있는 한 아미노산이다.

세포막

그나마 좋은 소식은 왜소증은 짧은 팔다리와 약간 더 큰 머리를 유발하긴 해도 대개 다른 심각한 영향을 끼치지는 않는다는 것이다. 수명과 뇌기능은 완전히 정상이다. 기쁘지 아니한가!

연골무형성증 및 왜소증의 다른 원인들은 우성형질이기 때문에 왜

소중 환자들은 보통(평균이랄까) 신장을 유발하는 FGFR3 유전자를 보유하고 있을 가능성이 있다. 즉 왜소증인 두 사람이 키가 5피트 10인치(1.78미터)인 아이를 낳을 수도 있다는 뜻이다. 만약 TV 드라마 〈작은 사람들, 큰 세상*Little People, Big World*〉을 보았거나 그것을 위한 광고를 본 적이 있다면 그 부모가 왜소증인 한 아이와 왜소증이 아닌 세 아이를 낳아 기르고 있다는 것을 이미 알았을 수도 있다. 내가 말하고 싶은 것은, 맷과 에이미 롤로프 부부가 다른 유형의 왜소증을 지니고 있다는 점이다. 에이미는 연골무형성증을 앓고 있지만, 맷은 디스트로피성 형성이상이라 불리는 왜소증 중에서도 보다 더 희귀한 유형을 앓고 있다.

이와 정반대의 유전적 형질은 종종 거인증으로 불리는 말단비대증인데, 많은 사람들이 이 질환을 앙드레 더 자이언트, 즉 (영화 〈프린세스 브라이드*The Princess Bride*〉에 출연했던) 앙드레 르네 루시모프와 연결시켜 생각한다.

말단비대증은 종종 종양 때문에 뇌하수체에 이상이 생기면서 발병한다. 이 병에 걸리면 성장호르몬이 과도하게 분비되어 이름처럼 말단이 비대해진다. 이 질환이 다루기 어려운 이유는 증상이 대개 너무 서서히 나타나기 때문에 상당히 진행되기 전까지는 아무 문제가 없는 것처럼 보인다는 것이다. 게다가 발견되었을 시기에는 빠른 속도로 악화될 가능성이 있다. 골다공증, 당뇨병, 그리고 심부전을 말하고 있는 것이다.

그럼 만약 거인증이 발병하기 시작하면 어떻게 해야 할까? 소란을 피우고 있는 그 골칫덩어리 종양을 제거하면 된다. 수술, 방사선 치료, 그리고 호르몬 요법까지. 정말이지 장난이 아니다. 하지만 말단비대증은 대개 위험하다.

말단비대증의 정확한 유전적 원인에 대해서는 글쎄, 아직까지는 연구 중이다.*

연구자들은 이 모든 것을 유발하고 있는 정확한 유전자를 찾기 위해 거인증이 높은 빈도로 발병하는 여러 대가족들의 DNA를 검사해 왔다. 거인증이 종양에 의한 질병이기 때문에 뇌하수체에 생긴 암으로부터 다른 방법으로 신체를 보호하는 유전자의 돌연변이일 가능성이 크다. 어떻게 한 유전자가 그 일을 계속할 수 있었을까? 마침 다음 장에서 다루는 것이 전부 이와 관련된 내용이다. 계속 읽어 주길 바란다.

---

* 말단비대증과 관련이 있는 유전자는 **AIP**, **GRP101** 외에도 몇 가지가 더 밝혀졌다. ─감수자

바보 같은 암 유전자들

암은 상식적으로 이해하기 힘든 문제다. 하나의 세포가 모든 규칙을 거스르며 통제할 수 없이 분열하기 시작한다. 반복의 반복을 거듭하며 세포가 증식하고 퍼져 나간다. 이런 대책 없는 세포 성장이 종양을 생성하는데, 이는 다른 평범하고 건강한 세포들과 자리다툼을 벌이다가 장기의 기능을 방해한다. 더 심각한 것은, 이 암세포들이 미친 듯이 증식해 내는 세포들이 신체의 운반 시스템에 뛰어들어 신체의 다른 부분으로 퍼질 수 있다는 점이다.

도대체 왜 인체는 이 같은 짓을 자행하는 걸까? 상식적으로 전혀 말이 되지 않는다. 우리 몸이 자기혐오에 빠져 자학을 일삼는다는 말인가?

암은 겉보기에는 전혀 표도 나지 않으며, 또한 바이러스나 세균처럼, 인체와 다른 차이점을 이용해 분리될 수 있는 이질적인 물질이 아니기 때문에 다루기도 어렵다. 아니, 암은 당신 자신이며, 그래서 암을 겨냥하는 일은 상당히 어렵고, 방사선 치료와 화학요법 같은 치료법은 정말 힘들다. 이런 것들은 암만 다치게 하는 것이 아니라 당신 역시 다치게 하기 때문이다. 한마디로 암은 최악이다.

나는 사람들이 암에 대해 공업화 시대 오염원에 대한 노출, 가공식품 위주의 식단, 그리고 엉덩이는 소파에 눈은 TV에 고정하고 사는 우

리의 현대적 생활방식을 탓하는 말을 들어 본 적이 있다. 하지만 여기서 잠깐. 암은 특별히 20세기와 그 이후에 등장한 질병은 아니다. 상당히 오래전부터 있어 왔다. 고대 이집트인들도 암에 걸렸다. 초기 유인원도 암에 걸렸으며, 심지어 공룡들도 암에 걸렸다.

암은 아주 오래오래 전부터 있어 왔다. 그리고 앞으로도 계속 함께할 것이다.

어떻게 이런 일이 일어나는 것일까? 어떻게 한 세포가 혹은 한 무리의 세포가 갑자기 지금까지 들은 모든 것을 무시하기로 결정하더니 증식하고, 퍼져서, 장기에 손상을 입히기 시작할 수 있단 말인가? 돌연변이들 때문이다. 돌연변이들은 세포들에게 태연하게 그런 멍청한 짓들을 하지 말라고 지시한다.

세포 성장을 조절하는 유전자가 돌연변이로 인해 그 중요한 역할을 못하게 되면 암 유전자가 되는 것이다.

사람들이 가장 많이 언급하는 암 유전자는 이른바 '유방암 유전자'다. 이 이름에는 오해의 소지가 있다. 왜냐하면 우리 모두는 이 특별한 유전자를 가지고 있으며, 이 유전자의 특정 돌연변이들이 암을 유발하기 때문이다. 유방암과 관련 있는 것으로 알려진 2개의 유전자들이 있다. 하나는 17번 염색체에 위치하는 BRCA1이라 불리는 유전자이고, 다른 하나는 13번 염색체에 위치하는 BRCA2로 불리는 유전자다. 만약 당신이 이들 유전자들 중 특정한 한 유형을 보유했다면 유방암에 걸릴 위험성이 13퍼센트에서 60퍼센트로 폭등한다.

이 BRCA 녀석들은 종양억제자라 불리는 유전자군에 속한다. 이들은 손상된 DNA 복구 및 비정상적인 세포 성장의 조절 같은 다양한 기능들을 지닌 단백질들을 암호화한다. 이것이 바로 당신이 약간의 문제가 있는 종양억제유전자를 가지고 있다면, 암에 훨씬 더 취약한 이유다. 문제가 생긴 유전자들과 그들의 생산물들은 딱 들어맞지 않아서 암을 막는 그들의 소명을 제대로 이행할 수 없는 것이다.

유방암만이 아니다. 피부암부터 대장암까지 암과 관련된 수백 개의 유전자들이 있다.

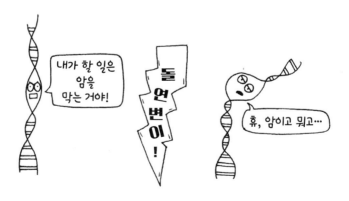

DNA의 모든 것을 이토록 쉽고 재밌게 설명하다니!

그렇다면 우리는 어떻게 해야 할까?

일단 당신이 정보 분석을 좋아하는 사람이라면 자신의 게놈 염기서열 분석을 통해 알려진 암 유전자가 있는지 확인하고 특정 유형의 암이 발생할 위험이 있는지 알아낼 수 있다. 그러니까, 만약 당신 이름이 안젤리나 졸리라면 당신은 위협이 되는 부위를 제거하는 수술을 받을 수 있다. 영화배우 외에도, 나는 자신보다 나이 많은 여자 가족 구성원들이 모두 유방암으로 사망하는 것을 보고 이 수술을 받기로 선택한 사람들을 알고 있다. 유방은 신장과 같은 기관이 아니다. 유방 없이도 살 수 있다. 여담으로 하는 말이지만, 브래지어가 좀 비싼가?

수많은 사람들이 안젤리나 졸리의 수술 결정을 비판하며 이런 의구심을 품었다. 그런 선택이 어떤 결과를 가져올까? 암 발병의 위험성을 줄이기 위해 몸의 일부를 외과적으로 제거해야만 하는 걸까? 혹자는 가슴을 절제한다고 해서 암 발병률이 0으로 떨어지는 것은 아니니 시간 낭비라고 말했다. 게다가 DNA 염기서열을 밝히는 작업은 지금 우리가 떠드는 이 순간에도 가격이 떨어지고 있다 하더라도 만만치 않은 비용이다. 우리가 백만장자는 아니더라도 이 작업은 재정적으로 접근 가능한 범위 내에서 이루어질 가능성이 짙다. (이 부분에 대해서는 나중에 더 자세히 다루겠다.)

이 세상의 모든 혐오자들과 비관론자들과 불평불만자들에게 한마디 하겠다.

여러분은 무엇을 걱정하는가? 개인에게 암은 개인적인 질병이다. 특히 암은 우리 모두가 노출되는 독감 바이러스와 같은 것이 아니며, 암을 유발하고 있는 것은 바로 자신의 몸이기 때문이다. 당신의 암은 나의 암과 다르며, 나의 암은 안젤리나의 암과 다르다. 사람들이 암을 어떻게 받아들이고, 반응하고, 대처하는지는 암을 일으키는 세포들만큼이나 지극히 개인적인 문제다. 그러니 거참, 진정하길 바란다.

골칫거리 유전자들

유전학은 장난도 게임도 완두도 뭐도 아니다. 아주 심각한, 그러니까 심신을 아주 쇠약하게 만드는 유전질환들이 어딘가에 존재하며, 그리고 이것들의 상당수가 단 하나의 잘못된 유전자에서 기인한다. 그것은 삶의 문제다. 삶이 제대로 영위되기 위해서는 100만 개의 잘 돌아가는 톱니바퀴들이 필요하고, 모든 것을 망치는 데는 단 하나의 톱니바퀴만 있으면 된다.

1만 개 이상의 단일유전자장애가 있는데, 대부분은 믿을 수 없을 정도로 드물다. 인구의 2퍼센트도 안 되는 사람들이 그들 중 하나를 가지고 있다. 하지만 낭포성섬유증, 듀센형 근디스트로피증, 그리고 혈우병 같은 이런 단일유전자장애들은 어디에나 있다.

유전질환은 일반적으로 드물게 나타난다. 왜냐하면 유전질환을 앓는 개개인이 출산을 통해 다음 세대로 그 유전자를 전달하지 않을 수도 있기 때문이다. 특히 아니 분명히, 한 개인이 아이를 가질 기회조차 갖기 전인 어린 나이에 그 유전질환이 치명적인 경우라면 더욱 그럴 것이다.

인류 진화의 관점에서 볼 때 의술, 수세식 화장실, 그리고 비누의 출현으로 우리 인간이 자연선택의 실제 압박에서 해제된 것이 얼마나 최근의 일인지를 고려한다면 우리 조상들 가운데 남아 있을 법한 유전질환은 거의 없으리라고 생각할 것이다. 그런 질환들은 아주 **빠른** 속도로 제거되기 마련이라고 말이다.

물론 유전질환이 종종 그렇게 (자연선택으로) 제거되기도 하지만, 이는 다음 몇 가지 사항을 고려하지 않은 것이다.

1. 웬만큼 나이가 들었는데도 (그래서 이미 아이가 있는데도) 유전질환이 큰 문제를 일으키지 않는다면 이런 형질은 다음 세대로 계속 유전될 것이다.
2. 그야말로 무심코 우연히 아무 데서나 나타날 수 있는 새로운 돌연변이들을 고려하지 않았다
3. 가끔 유전질환과 연관된 약간의 이점이 존재한다.

알츠하이머병처럼 노령과 결부되어 있는 대부분의 질환들은 어떤 종류의 자연선택에도 영향을 받지 않는다. 왜냐하면 이런 질환들은 대개 임신 후에 발병이 되어 그 병에 기여하는 유전자들이 자녀에게 전달되기 때문이다. 만약 알츠하이머병이 청소년기에 발병되어 당신이 아무것도 기억하지 못한다면 뭐랄까, 부모 되는 능력이 급격히 저하되면서 아마도 알츠하이머병이 오래도록 모집단에 자리잡을 수 없게 될 것이다. 따라서 늦은 나이에 발병된다는 것은 그 유전질환이 사라지지 않고 남아 있을 수 있는 하나의 수단이 된다. 유전질환들은 오랫동안 활동하지 않는 잠자는 세포이기 때문에 그것들을 도태시킬 기회가 주어지지 않는 것이다.

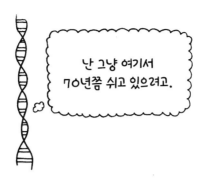

난 그냥 여기서
70년쯤 쉬고 있으려고.

유전질환은 그저 일어나기 마련이므로 모집단에서 불쑥 나타날 수도 있다. 꼭 부모에게 물려받아야 걸리는 것도 아니다. 예를 들어 21번 삼염색체증(다운증후군)은 부모가 이 질병을 가지거나 이 질병에 대한 보유자이기 때문에 일어나는 것은 아니다. 이 질환은 정자와 난자가 만나 수정란을 형성할 때 염색체가 제대로 분리되지 않기 때문에 발생하는 것뿐이다. 이런 일이 때때로 일어난다면 어쩔 도리가 없다.

세 번째 예는 보나마나 당신이 미간을 찡그리며 어이없다는 표정을 짓게 할 만한 질병이다. 알아보도록 하자.

낫 모양 적혈구 빈혈증은 적혈구의 중요한 성분인 헤모글로빈 조각 중 하나인 베타 글로빈 유전자의 단일 염기쌍 돌연변이에 의해 발생한다. 만약 당신 몸에 이런 이상이 있다면 당신의 적혈구가 조금 기형적이라는 뜻이다. 혈액이 응당 가지고 있어야 할 통통한 원반 모양의 적혈구와는 달리, 낫 모양 적혈구 빈혈증을 앓는 사람들의 적혈구는 폭이 좁고 알파벳 C와 같은 모양이다. 적혈구가 낫 모양처럼 생겨서 낫 모양 적혈구 빈혈증이라는 이름으로 불리는 것이다. 과학이란!

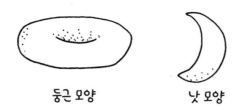

둥근 모양   낫 모양

　낫 모양 적혈구 빈혈증에 걸린 사람들은 보통 이렇게 이상하게 생긴 적혈구를 가짐으로써 나타나는 고충을 겪는다. 우선, 기형적인 적혈구들은 체내에서 수시로 파괴되기 때문에 극심한 빈혈을 유발한다. 적혈구의 본업(뭐, 여러 본업들 중 하나)은 산소를 모든 인체 조직에 운반하는 것이다. 만약 적혈구가 부족하면 우리 몸에 산소가 부족해질 것이다. 빈혈 상태는 힘이 쭉 빠지고 끔찍한 기분이 들게끔 한다. 전혀 웃을 일이 아니다. 심장이 충분한 산소를 얻지 못하면 상황은 극으로 치닫는다. 심부전을 초래할 가능성이 있기 때문이다.

　뿐만 아니라 이런 적혈구의 낫 모양 때문에 혈관 폐색이 일어날 가능성이 훨씬 커진다. 낫 모양 세포는 그 끝이 뾰족하고 굽어 있어서 손쉽게 줄줄이 붙을 수 있기 때문에 덩어리를 형성하는 데 너무 완벽하다. 혈관 폐색은 아주 심각한 상황이다. 이는 극심한 통증, 신장 기능 장애, 그리고 뇌출혈을 일으킬 수 있다. 일반적인 적혈구의 가장자리가 둥글고 물놀이 튜브 모양이라면 사실 이 지경까지 가지는 않는다.

　그런데 왜 나는 이 무서운 질병을 유익한 부작용을 가진 유전질환의 한 예로 사용하고 있는 걸까? 지금까지는 이 병이 엄청난 골칫거리처럼 들린다. 하지만 내가 이제껏 설명한 내용은 이런 질병을 유발하는 유전자의 복사본을 2개 가지고 있을 경우 일어나는 문제들이다. 만약 당신이 이 유전자의 복사본을 1개만 보유하고 있고, 제대로 기능하는 베타 글로빈 유전자도 1개 보유하고 있다면 이런 상황은 당신에게 아주 특별한 능력을 선사해준다. 바로 말라리아에 대한 강력한 저항력이다.

말라리아는 말라리아 원충*Plasmodium falciparum*이라 불리는 원생생물에 의해 유발된다. 이 말라리아 원충은 모기를 매개체로 멀리 퍼져 그 모기가 예로부터 즐겨 해온 사람 피 빨아먹는 일에 열중하고 있을 때 사람 핏속으로 들어간다. 낫 모양 적혈구 빈혈증을 일으키는 유전자 복사본을 1개 가지고 있는 사람들에게는 이점이 있다. 기생충이 적혈구에 침입하면 적혈구들이 재빨리 형태를 바꾸어 우리 몸에 의해서 파괴되기 때문이다.

이 낫 모양 적혈구 빈혈증 유전자를 1개도 갖고 있지 않는 사람은 이런 방어수단을 가지고 있지 않다. 그래서 말라리아는 전형적인 과정을 밟을 수 있는데, 처음에는 독감과 같은 증상을 보이다가 마지막에는 경련과 혼수상태에 빠지게 된다. 제발 그만 해, 말라리아.

따라서 이 낫 모양 적혈구 유전자 복사본을 2개 가지고 있는 것이 가장 문제가 되지만 만약 당신이 말라리아가 흔한 지역에 살고 있다면 이 유전자 복사본을 1개만 가지는 것이 지극히 유익할 수 있다. 이런 이유로 낫 모양 적혈구는 몇몇 집단들 가운데 보존되어 왔던 것이다. 하지만 명백하게 불리한 측면도 있다. 말라리아에 대한 내성을 얻은 두 명의 보균자가 잠재적으로 이 낫 모양 적혈구 유전자 복사본 2개를 얻어 정말로 많이 아픈 아이를 낳을 가능성이 있다는 것이다. 말하자면 자연선택의 균형이라고 할 수 있겠다.

다른 유전질환들이 과거 인류에게 있던 다른 질병들에 대한 높은 저항력을 가지고 있을 수도 있다. 예를 들어, 테이삭스병은 동유럽계 유대인에게 폐결핵에 대한 약간의 저항력을 주었을 가능성이 있다. 낭포성섬유증은 유럽인들에게 페스트와 콜레라에 대처하는 데 도움을 주었던 것 같다. 그리고 제2형 당뇨는 주기적인 굶주림을 견디는 데 유용했을지도 모른다.

DNA의 모든 것을 이토록 쉽고 재밌게 설명하다니!

손가락이 5개라고?

내가 단 1개의 유전자로 기인하는 복합적인 형질들이 그리 많지 않다고 말한 것 같은데, 그런 유전자들에 대한 돌연변이가 일어나는 양상은 꼭 그렇지만은 않다. 작은 유전자 하나만 바뀌어도 심각한 영향을 끼칠 수 있다. 만약 그 유전자가 하나가 우연히 발달에 관여한다면 굉장히 극적인 변화들을 보게 될 것이다.

당신이 아주 작은 태아에 불과했을 때(그리고 콩알처럼 생겼을 때), 당신의 몸이 어떻게 형성될 것인지 결정하는 데 도움을 주는 작업에 한창인 유전자가 있었다.

하! 이게 너였다니까!

몇몇 유전자들은 '뇌는 이쪽이야' 혹은 '엉덩이는 이쪽이야'라는 표지판 역할을 하는 단백질을 만들어 낸다. 그리고 한쪽 끝을 머리로 하고 맞은편 끝을 엉덩이로 만들자는 최초의 결정을 시작으로 당신은 발달하기 시작했다. 팔을 어디에 둘지, 그리고 손가락을 어디에 만들지에 대한 결정은 나중에 이루어졌다. 만약 이러한 유전자들이 완전히 정확하지 않다면 약간의 편차가 생길 수 있다.

그런 경우 중 하나가 다지증, 그러니까 여분의 손가락과 발가락을 모두 갖거나 한쪽만 갖는 상태인데, 믿거나 말거나 이런 상황은 단 하나의 유전자로도 아주 쉽게 일어난다. 그리고 이 유전자는 놀랍게도 우성이기도 하다. 하지만 우성이라고 해서 유전자가 흔하다는 뜻은 아니다. 이 특별한 우성 유전자는 대단히 희귀하다. 다지증에 대한 또 한 가지 재미있는 사실은 이 증상을 가져올 수 있는 돌연변이와 유전자가 하나만 있는 게 아니라는 점이다. 다지증이 일어날 수 있는 몇 가지 다른 방법들이 있다. 그리고 가끔 다지증은 그저 다른 유전질환의 부작용으로 나타나기도 한다.

양손이 자궁에서 형성될 때, 최초의 두 손은 엉뚱하게도 수영훈련용품인 핸드패들처럼 생겼다. 손가락 사이에 있어야 할 공간에 있는 세포들이 떨어져 나가야만 우리 모두가 기대하는 익숙한 통통한 아기 손가락들을 얻을 수 있다. 아주 많은 부위에서 이런 식의 발생이 일어나고 있으며 특정 시기에 일어나야만 하기 때문에 이런 발생 과정이 잘못될 가능성이 몇 가지 존재한다.

이 돌연변이를 가진 사람들은 운 좋게도 종종 외과적 수술로 이 문제를 재깍 해결할 수 있다. 손에 여섯 번째 손가락이 있다고 해서 뭔가

큰 도움이 되는 건 아냐.

DNA의 모든 것을 이토록 쉽고 재밌게 설명하다니!

잘못된 건 아니지만, 가끔 다지증은 결과적으로 이웃한 손가락에 방해가 되는 불완전한 형태의 손가락으로 나타나기도 한다. 이런 식이면 곤란할 것이다.

하지만 이와 같은 우성 형질을 다룰 때 고려해야 할 점은 교정 수술이 이 형질을 자손에게 전달할 가능성을 지운 것은 아니라는 것이다. 만약 당신이 다지증 유전자 하나와 일반적인 손과 발 유전자를 하나 가지고 있다면 이는 당신이 어느 자녀에게든 이 유전자를 물려줄 가능성을 50퍼센트 가지고 있다는 뜻이다.

그런 식으로 다지증은 뭔가 나쁜 시력처럼 될 수도 있다. 고대 사람들에게 있었던 나쁜 시력과 관련된 유전자들은 아마도 제거되었을 것이다. 왜냐하면 흐릿한 시야를 가진 개인의 실제 생존 가능성은 적었기 때문이다. 개인적으로는 만약 내가 문명과 소프트 콘택트렌즈 시대 이전에 태어났더라면 아마 진작에 절벽에서 떨어졌거나 곰에게 잡아먹혔을 것이다.

나는 안경, 콘택트렌즈, 혹은 라식 수술로 시력을 교정할 수 있으므로 그럭저럭 지낼 수 있지만, 어김없이 내 시원찮은 시력 유전자를 내가 가질 수도 있는 모든 아이에게 물려주게 될 것이다. 그렇게 해서 다른 수많은 사람들이 나쁜 시력을 지니게 된다. 곳에 따라 보통 시력 소유자들보다 나쁜 시력 소유자들이 더 많은 것도 바로 그 때문이다.

버블보이에서 슈퍼히어로까지

버블보이는 제이크 질렌할과 대니 트레조가 출연한 독특한 영화일 뿐만이 아니라 실제 질병을 묘사한 영화이기도 하다. 이 질환의 실제 병명은 스키드(Severe Combined Immunodeficiency, SCID), 즉 중증합병 면역결핍증이다. 정말 이름 그대로 중증에, 합병증이 많으며, 면역결핍이기까지 한 병이다.

'버블보이'라는 용어 및 이 영화는 실제 인물에 영감을 받아 만들어진 것이다. 데이비드 베터는 1971년에 중증합병 면역결핍증을 갖고 태어나 곧장 '격리실'로 불리는 멸균 처리된 비닐 주머니 속으로 보내져 골수이식이 가능할 때까지 머물렀다. 이식 수술로 병을 고치는 데 실패하고 그는 버블 속에서 지냈다. 그리고 고작 열두 살의 나이에 세상을 떠났다.

오늘날 우리는 이 질환에 대해 상당히 많은 것을 알게 되었으며, 이

▶━▷⫘▭◁ DNA의 모든 것을 이토록 쉽고 재밌게 설명하다니!

제 그 누구도 자신이 즐겨 들어가지 않는 이상, 또다시 멸균 풍선 속에서 살아야 할 이유는 없을 것이다. 그런데 취향이 그렇다면야 누가 뭐라 하겠나.

전체 면역계와 같이 복잡한 것들 대부분이 그렇듯이, 면역계에 기여하는 거대한 유전자군이 존재한다. 하지만 그렇다고 해서 하나의 유전자가 모든 것을 완전히 망칠 수 없다는 뜻은 아니다. 아, 삶이 그렇다. 인생의 공든 탑을 쌓는 데에는 끝없는 노력이 어마어마하게 필요할진대, 모든 것을 망치는 데에는 코모도왕도마뱀 한 마리만 있으면 된다.

이 경우에는 연관된 유전자 하나가 전체 면역계의 작동을 망쳐버릴 수 있다. 면역세포들이 만들어지는 방식 때문이다.

바이러스, 박테리아, 곰팡이와 같은 침입자를 물리치는 면역세포는 일련의 과정을 거쳐 골수에서 만들어진다. 이 생산 공정의 시작 부분에 있는 단백질에 오류가 있으면 그 이후의 모든 과정은 기능을 상실한다. 이 상황이 정확하게 스키드에 걸린 상태다. 실제로 돌연변이를 일으켜 스키드를 유발하는 몇 가지 다른 유전자들이 있다. 하지만 그것들은 모두 면역 세포를 만드는 데 관여하는 단백질 변형을 필요로 한다.

좀처럼 치료되지 않는 스키드에 걸린 채 태어난 아기들은 거의 1년 이상 버티지 못한다. 폐렴이나 수두 같은 질병 때문에 죽는 것이다. 하지만 오늘날 스키드는 사망선고 혹은 버블 감금형이 아니다. 골수 이식으로 스키드를 치료할 수 있게 되었다. 세상에 이렇게 기쁜 일도 다 있다.

완전히 비기능성 면역계를 갖는다는 것이 얼마나 끔찍한 일인지에 대해 이야기했으니, 이제 돈으로 얻을 수 있는, 돈으로 안 되면 DNA 로 얻을 수 있는, 최고의 면역계를 자손에게 물려주기 위해 우리가 얼마나 고군분투하는지 생각해 보자.

이 면역계 유전학은 동전의 양면성처럼 다른 한쪽 면에 특별히 아기의 면역 체계를 개선하기 위한 유전자가 있다. 반려자 선택마저도 굉장한 면역력을 지닌 아이를 갖고 싶은 본능적인 욕구를 반영하는 것이다.

사람은 누구나 MHC(major histocompatibility complex), 즉 '주조직적합복합체'라는 물질을 암호화하는 특정 유전자 집단을 가지고 있다. MHC 분자들은 당신의 면역계에서 아주 큰 역할을 맡는다. 그것들은 세포 표면에서 발현되며, 당신의 면역계가 무엇이 '당신'이라는 범주에 해당되고, 무엇이 "아냐, 저건 절대 네가 아니야. 당장 제거해 버려!" 라는 범주에 해당되는지를 결정하는 방식에 관여한다.

뛰어난 MHC 유전자들을 지니고 있으면 효율적인 면역계를 가지고 있을 가능성이 높다. 그리고 A+ 면역계를 지닌 아이들을 낳으려면 당신 것과 거의 일치하지 않는 MHC를 지닌 배우자를 찾는 것이 제일 좋다. 투자와 마찬가지로, 유전학에서 다양성은 기가 막히게 좋은 미덕이다.

하지만 당신은 자신의 MHC가 어떻게 되어 있는지 알 턱이 없다. 당신이 만나는 사람들도 마찬가지다. 그러니 당신이라면 당신 것과 다르면서도 결과적으로 상호보완적인 MHC를 가진 배우자를 고를 수 있겠는가?

코를 활용하면 된다! 진지하게 말하는 것이다.

DNA의 모든 것을 이토록 쉽고 재밌게 설명하다니!

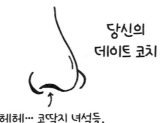

당신의
데이트 코치

헤헤… 코딱지 녀석들.

지금 다룰 내용은 기가 막히게 신기해서 소름이 돋을 지경이다. 당신의 MHC와 딱 들어맞는 MHC를 가진 사람들은 대개 당신에게 다른 누구보다도 더 좋은 냄새를 풍긴다. 그렇다. 당신 생각에, 그 아무개 씨의 체취가 끝내주었는가? 그건 당신의 가상의 아기들이 건강할 것이기 때문이다. 맞다. 이 생물학은 당신이 당신 자신을 아는 것보다 당신을 더 잘 파악한다. 당신이 당신의 배우자를 선택하는 것이 아니라 면역복합체에 대한 당신의 은밀한 후각적 선호가 선택하는 것이다. 나라는 사람은 누구인가? 당신이란 사람은 누구인가? 우리는 누구인가? 무슨 일이 일어나고 있는 것인지?!

잘 모르겠다, 하지만 일단 진정하자. 모름지기 인간에게는 사람들이 풍기는 냄새 그 이상의 것이 있다. 체취는 퍼즐의 한 조각에 지나지 않는다. 다만 이 체취가 우리 몸과, 인생의 선택, 그리고 우리의 짝을 찾는 것에 대한 어떤 관점을 제공하는 것은 분명하다. 이런 것들을 통해 우리를 안내하는 생물학적 메커니즘이 마련되어 있다. 그리고 그것은 현대인의 삶에서 좋든 싫든, 우리의 진화론적인 주된 목적은 번식임을 상기시켜 준다. 그저 생존을 위해서라고 생각할 수도 있겠지만 생

존이 전부가 아니다. 생존은 두 번째다. 그야말로 번식을 위한 수단일 뿐이다.

하지만 이렇게 순전히 진화론적인 목적이 반드시 당신 삶의 목적이 되는 것은 아니다. 우리 인간은 야생 포유동물들처럼 진화에 적극적으로 가담하지는 않는다. 진화 과정에서는 적자생존의 법칙에 따라 도태된 개체들은 보통 굶주림이나 질병 때문에 혹은 포식자의 입 속에서 죽기 때문에 생존과 번식이 실제로 적자에게만 허용된다. 야생의 현장은 거친 법이다. 우리는 의학, 컴퓨터, 맥도널드 햄버거를 개발하면서 일종의 진화의 쳇바퀴에서 벗어났다. 하지만 그것은 모습을 드러내지 않은 채 여전히 우리 삶 속 결정에 영향을 미치고 있다. 우리를 따라다니는 유령처럼 말이다.

이제 면역력의 유전학이라는 또 다른 으스스한 측면, 그러니까 바이러스와 그들이 남기는 기념품들에 대해 이야기해 보자.

바이러스는 더 많은 자기 자신을 만들어 내기 위해서, 자신의 DNA(혹

▶━◁▥▥ DNA의 모든 것을 이토록 쉽고 재밌게 설명하다니!

은 때에 따라서는 RNA)를 인간의 세포에 주입하는 것을 무척 좋아한다. 이것이 바이러스가 우리 몸 속에서 그 야단법석을 일으키는 방법인 것이다. 바이러스는 우리 몸속의 비실비실한 세포를 장악해서 강제로 바이러스 공장으로 만들어 버린다. 끔찍한 일이다. 하지만 가끔 이런 바이러스들이 자신들의 DNA를 주입하고, 그 DNA는 그냥 휴면 상태로 존재한다. 이때 바이러스 DNA는 우리의 DNA에 통합되고, 우리의 세포가 반으로 나뉘기 전에 DNA를 복제할 때, 바이러스 DNA도 복제된다.

이 때문에 인간 게놈의 8퍼센트 정도가 수 세대에 걸친 바이러스 감염의 잔재들로 이루어져 있다. 이리하여 우리는 조상들이 어떤 전염성 질병들을 겪어야만 했는지를 알 수 있는 것이다.

이 DNA들은 바이러스 기념품들이다. 우리 몸속에 끼워 넣어진 일종의 열쇠고리라고나 할까. 우와!

알레르기가 날뛰는 시간

흡입성 알레르기는 만성적으로 사람을 미치고 펄쩍 뛰게 하는 질병이다. 면역 체계가 인체에 무해한 단백질에 과잉 반응하여 불필요하게 흥분한 나머지 그 물질에 대한 총공격 태세에 돌입하는데 이 과정에서 당신은 그야말로 딱한 처지가 된다.

흥미롭게도, 일반적인 감기의 증상은 이 잘 알려진 질병을 일으키는 바이러스인 리노바이러스에 대한 인체의 유사한 과민 반응에 기인한 것이다.

그 리노바이러스는 말야…

쿠시볼처럼 생겼어.

콧물이 흐르고, 목이 부어 따갑고 일반적으로 욱신거리는 통증은 바이러스 자체 때문이 아니다. 다만 인체가 바이러스에 대해 일으키는 염증 반응 및 그 바이러스를 씻어 내보내려는 작용들 때문에 유발되는

DNA의 모든 것을 이토록 쉽고 재밌게 설명하다니!

것이다. 특히 콧물이 그렇다. 문제가 되는 병원체를 인간의 상부 호흡기에서 씻어 내느라 콧물이 줄줄 흐르는 것이다. 이것이 효과가 있을 수도 있지만 보통 콧물이 목 뒤로도 넘어가면서 그곳에 있는 통각수용기를 건드린다. 대부분의 경우, 비상벨 격인 인체의 이러한 반응들은 실제로 감기를 물리치는 데 거의 도움이 되지 않는다. 단 득이 되는 점이라면 당신이 회사에 전화로 병결을 알릴 핑곗거리가 되어 준다는 점이다.

보통 알레르기 반응은 지나치게 청결한 제1세계, 즉 부유한 선진국의 문제다. 고대 조상들은 아마 알레르기 비슷한 그 어떤 것도 보지 못했을 것이다. 그들의 면역계는 처리해야 할 진짜 문제가 있었기 때문에 그들의 방어 활동들은 '정확하게' 조정되었다. 그들은 방어력을 질병과 기생충의 실제 위협에 우선적으로 썼으며, 꽃가루와 짐승 털 가지고 호들갑을 떨 시간적 여유가 없었던 것이다.

미국에서는 5명 중 1명꼴로 알레르기로 인한 문제를 겪는 것으로 보고된다. 나도 그중 한 사람이다. 나는 고양이 털과 개털에 대해 가벼운 알레르기를 갖고 있으며, 몇 년 전 알레르기 테스트에서 우산잔디 알레르기도 있다고 나왔다. 어릴 적 풀 언덕을 굴러 내려왔다가 작은 맨다리에 온통 맷자국이 났던 기억이 있다. 하지만 모두들 그렇지 않은가? 아니면 다들 그런 줄 알았는데 사실은 나만 그런 건가?

농장같이 흙먼지 가득한 환경 속에서 자라나는 아이들 사이에서 알레르기는 사실상 아직까지 알려지지 않은 질병이다. 지저분하게 지내는 게 나이 들어 알레르기를 피할 수 있는 가장 좋은 방법 중 하나이며, 모유 수유 역시 아기에게는 면역적으로 유리하다. 흙, 먼지, 그리

고 그 밖에 지저분한 장난에 존재하는 모든 잠재적인 알레르겐에 노출되면 우리 면역 체계가 이런 무해한 친구들에 대해 익숙해져서 나중에 기겁하는 일은 피하게 될 수 있다.

현재 알레르기 반응은 남자보다 여자에게 더 흔하게 나타난다. 그 이유는 어린 여자아이는 제대로 갖춰 입히고 청결을 강조하는 문화 때문일 수도 있다. 만약 여자아이들에게 남자아이들만큼만 밖에 나가 흙먼지 속에서 놀며 벌레 먹는 것을 권장했더라면 여자아이와 남자아이, 즉 여성과 남성 사이 알레르기 발생 정도가 비슷해질 가능성이 컸을 것이다. 유치원 시절 나는 절대 벌레를 먹지는 않았지만, 흙은 조금 먹어 본 적이 있다. 내가 그렇게 좋아하는 맛은 아니었다.

식품알레르기

지금까지 흡입성 알레르기에 대해 혼자 실컷 떠들어댔다. 이런 종류의 알레르기는 확실히 문제가 되기는 해도 그 심각성만큼은 식품알레르기에 댈 것이 못 된다. 식품알레르기 반응은 사람을 죽게 할 수도 있다.

음식물에 대한 알레르기 반응은 언제나 나를 당황하게 만든다. 이 반응은 도저히 인체가 적응할 수 있는 반응이 아닌 듯하다. 평상시 우리 몸은 독소를 걸러내고 모든 시스템을 조절하며, 행동에 우선순위를 매기는 데 아주 능숙하다. 한 예로 당신이 긴장 상태에 빠지면 상대적으로 덜 중요한 소화계 기능은 멈추고 곧 닥칠 곰의 습격을(혹은 대중 연설 약속) 피할 수 있을 정도로 근육에 에너지가 집중되는 것이다.

하지만 당신이 먹은 어떤 음식물 때문에 인체가 소화계 기능을 정지시키고 엄청난 염증 반응에 돌입하기로 결정할 때 그 염증 반응은 문제를 피하는 데 아무런 도움이 되지 않는다. 염증 반응으로 문제를 일으키는 음식물이 몸 밖으로 빠져나올 리 없다. 그저 극심한 고통만 유발하다가 자칫 당신을 죽음에 이르게 할 수도 있는 것이다. 우리 몸이 왜 이러는 것일까?!

다양한 유형의 알레르기를 유발하는 원인들을 밝히기 위해 현재 수많은 연구가 진행 중이다. 대부분의 복잡한 형질들이 그렇듯이, 식품알레르기는 유전적, 그리고 환경적 요인들이 뒤섞여 유발된다. 최근 증가 추세에 있는 식품알레르기는 여기에 유전학 이상의 다른 요인들이 작용하고 있음을 시사한다. 여기에 후성유전학적인 영향력 또한 작용할 가능성이 있다.

나중에 후성유전학에 대해서 좀 더 자세히 알아보겠지만 기본적인 개념을 짚고 넘어가겠다. 후성유전학은 우리의 DNA가 실제 서열을 바꾸는 것이 아니라 우리가 사용하는 유전자와 사용하지 않는 유전자를 바꾸는 것으로 어떻게 변할 수 있는지를 설명해 준다. 종종 우리는 이 후성유전학을 유전자들이 어떤 스위치를 통해 '켜지고' '꺼지는' 것으로 묘사한다.

한 가지 예를 들어 보겠다. 당신도 분명 알고 있듯이, 임신 중 흡연은 해롭다. 물론 언제든지 흡연은 해롭지만, 그것에 대해 일장 연설을 늘어놓지는 않겠다. 모두들 이미 알고 있으니 말이다(그럼에도 사람들은 여전히 그 습관을 못 버린다. 흐음). 임신 중에 흡연을 했던 엄마의 아기들은 나이 들어 천식을 앓을 가능성이 더 크다. 엄마가 아이에게 천식 유전자를 물려주지 않았는데도 엄마의 특정 행동을 통해 유전자들이 켜지고 꺼져 천식을 유발했던 것이다. 찰스 다윈이라면 분명 "이런!" 하고 부르짖었을 것이다.

좀 더 냉정하게 말해서 만약 그 뱃속에서 성장 중인 아기가 여자아이고, 성장과 동시에 태아인 자신의 몸속에 난자를 형성하고 있다면 그 여자아이가 장차 갖게 될 자녀들(임신 중 흡연을 했던 여성의 손자들)이 천식에 걸릴 수도 있다. 왜냐하면 흡연은 신생아의 난자 속 DNA에 영향을 끼치기 때문이다. 대개 이런 후성유전학적인 문제는 집요하다.

알레르기의 유전학적 원인들이 완벽하게 규명되려면 시간이 좀 더 걸릴 것이다. 다만 그동안 이론적 공백을 메우기 위한 사이비 과학이 난무하고 있다. 이 주제에 대해 구글로 링크되는 사이트를 조심해야 한다. 이런 사이트들 대부분이 과학을 가장한 추측을 다루기 때문이다.

사람들은 은연중에 유전자 조작 식품들, 플라스틱 제품들을 비난하며, 대통령 탓을 한다. 그 밖에도 더 있다. 세상 사람들이 모두 복잡한 문제에 대한 유일한 원인이 무엇인가로 싸우는 동안, 연구자들은 아마 묵묵히 문제를 부추기는 요인이 여러 가지이고, 서로 관련되어 있으며, 다양하다는 사실을 발견하게 될 것이다. 항상 이런 식이다.

의학적으로 필요한 글루텐 프리

식품알레르기는 알레르기에 대한 인식과 마케팅이 증가하는 바람에 실제보다 더 만연한 것처럼 보인다. 이런 문제들 중 하나는 셀리악병 때문인데, 이 증후군은 사람이 밀 제품들(그리고 맥주 이야기만 꺼내지 않으면 보통은 밀보다는 대중적이지 않은 보리와 호밀)에서 발견되는 글루텐이라는 단백질을 처리하지 못하게 만들어 버린다. 셀리악병은 학술적으로 알레르기가 아니라 글루텐으로 촉발되는 자가면역반응에 가깝다(자가면역반응이란 인체가 스스로를 공격하는 반응을 뜻한다).

이런 사람들은 (맥주도 마시면 안 되고) 글루텐이 들어 있지 않은 글루텐 프리 음식을 먹어야 하는데, 이런 트렌드가 상당히 유행하게 되었다. 그 증거로 나는 식품 라벨에서 다음과 같은 문구를 자주 본다. 이 식품은 '저지방'은 물론 '글루텐 프리'제품이라는 걸 당당히 밝힙니다!

하지만 그런 멋들어진 글루텐 프리 음식에 혹하지 말자. 셀리악병은 미국에서 유병률 1퍼센트의 매우 희귀한 질병이며, 흥미롭게도 여자들에게 훨씬 더 흔하게 발견된다. 이 증후군을 가진 사람들에게는 전혀 재미있지 않겠지만. 그들의 면역계는 말 그대로 글루텐을 못 견딘다. 그래서 글루텐이 장에 도달하게 되면 인체는 글루텐뿐만 아니라 자신의 장까지도 공격하기 시작한다. 뭔가 단단히 착각한 것이다. 그야말로 면역계가 난장판이 된다. 빨리 장에서 빼 버릴 건 빼 버려야만 한다(대장이 원래 하는 방식대로 말이다. 헤헤).

글루텐 소화 불능에 대한 유전학은 충분히 알려져 있지 않다(내가 그런 식으로 미리 막을 치는 것에 독자 여러분은 틀림없이 질릴 것이다!). 다만, 셀리악병이 일어날 수 있는 한 가지 원인은 HLA-DQ라 불리는 유전자의 돌연변이 때문이다. 잠깐, DQ는 데어리 퀸Dairy Queen 같은 아이스크림 체인점 이름과는 무관하다.

HLA-데어리 퀸 유전자는 면역계의 핵심적인 단백질을 합성하기 위한 지령을 가지고 있는데, 이것은 의심스러운 단백질들에 달라붙은 뒤, "얘들아, 여길 공격해!"라고 알려주는 공격의 표적 역할을 수행한다. 이 변화된 HLA-데어리 퀸 유전자는 글루텐을 특별히 선호하여 달라붙는다. 정말이지 아무 이유도 없이 말이다. 대체 글루텐이 HLA-데어리 퀸 유전자에게 무슨 짓을 했기에? 글루텐 좀 내버려두라니까! 제발!

HLA-데어리 퀸 유전자에 대해 특히 이상한 점이라면 본격적으로 셀리악병을 유발시키는 유형보다 글루텐을 기피하는 유형이 훨씬 더 흔하다는 사실이다. 대략적으로 인구의 30~40퍼센트 정도가 이 유전자를 가지고 있지만, (아까 말했다시피) 실제로는 인구의 1퍼센트만이 글루텐을 못 견딘다. 글루텐에 대한 면역계의 분노 반응은 창자 밖에서 글루텐과 첫 접촉이 이루어질 때까지 대기 중인 상태일 수 있다. 장

▶━❁━◁▥▥ DNA의 모든 것을 이토록 쉽고 재밌게 설명하다니!

표면에 상처가 나서 그 생채기 부위를 통해 글루텐이 소장의 표면 아래로 침투하게 되면, 뒤이어 글루텐의 존재에 대한 알람을 받게 될 것이고, 면역계는 후에 글루텐에 대해 더욱 민감하게 반응할 것이다.

셀리악병을 글루텐 불내증과 혼동해서는 안 된다. 글루텐 불내증은 글루텐에 대한 본격적인 공격 반응이 아니라 오히려 강한 혐오 혹은 짜증에 가깝다. 많은 사람들이 글루텐 섭취를 완전히 끊으면 전반척으로 증세가 호전되고 빵을 폭식한 후에는 (음… 빵… 침 고인다) 무력감을 느낀다고 한다. 그렇다고 그 사람들이 글루텐에 알레르기 반응을 보인다는 뜻이 아니다.

가끔 사람들이 알레르기와 불내증을 혼용해서 사용하는데, 나는 그 점이 정말 거슬린다.

적절한 예가 하나 있다. 락토스를 소화시키지 못하는 사람들이 많은데, 이는 그들이 모유 수유 기간을 지나 한두 살 무렵에 체내에서 '락타아제'라고 하는 효소의 생산이 중단되었음을 의미한다. 락타아제는 우유 속에 들어 있는 락토스라는 유당을 분해하는 역할을 담당한다. 체내에서 락타아제, 즉 유당분해효소가 합성되지 않으면 유제품을 섭취했을 때 속이 부글거리고, 거북함을 느끼며, 악취를 풍기게 된다.

유제품 알레르기는 전적으로 이와는 다른 현상이며, 다른 식품알레르기와 같이 목구멍이 붓고 두드러기를 유발한다. 이것은 유당 불내증 때문이 아니라 거의 죽일 듯이 유당에 격렬하게 반응하는 면역계 때문이다.

나는 앞으로 새로운 치료법이 나타나 우리의 과민한 면역계를 이성적으로 진정시킬 수 있는 날이 오길 기대한다. "진정해, 이 바보야. 그

건 꽃가루야. 그건 땅콩이고. 그건 글루텐. 과학을 사랑하는 마음과 이 세상 모든 이성적인 것들을 위해 침착하자."

만약 당신이 현재 아이를 키우고 있거나 가질 예정이라면 명심하자. 아마 하루 중 90퍼센트 정도는 반드시 아이들이 흙, 먼지, 꽃가루, 그리고 짐승 털로 빈틈없이 둘러싸여 있게 하라. 아이들의 미래를 위해서 그렇게 하자.

▷◁▥◁▥ DNA의 모든 것을 이토록 쉽고 재밌게 설명하다니!

신비한 정신의 세계

우울증, 불안장애, 조현병, 조울증, 주의력결핍과다행동장애(ADHD). 우리의 정신은 그야말로 혼란 그 자체다. 내가 이미 수십억 번 말했듯이, 방대한 양의 물질들이 협업해야만 기능할 수 있는 복잡한 체계일수록 엇나갈 수 있는 여지도 그만큼 많이 갖고 있다. 이런 복잡한 체계를 뇌 속만큼 자명하게 보여주는 곳도 없다. 거대하고 기이한 디저트용 젤리 틀 같은 두개골 속을 채우고 있는 그것 말이다.

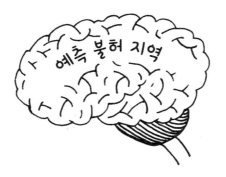

요즘 들어 정신 건강은 약간 식상한 용어가 되어 버렸다. 정신 건강이 자주 거론되는 이유는 미국의 의료보험제도가 흔히 이를 다루기에 미비하고, 많은 문화권에서 아직도 정신질환을 신체적 혹은 화학적 질병이 아닌 발가락을 찧었을 때처럼 아무리 아파도 그냥 넘겨야 할 엄

살 정도로 받아들이기 때문이다.

그러나 정신 건강은 어엿한 의학 분야로서, 우리는 이 분야를 통해 본성과 양육이라는 유전적 요인과 환경적 요인이 어떻게 복합적으로 문제를 야기하는지에 대해 아주 유연성 있는 견해들을 얻고 있다.

우리가 익히 알고 있는 몇 가지 정신질환이 있다. 우울증이 유전될 확률은 40퍼센트다. 완전한 조현병과 분열성 성격장애를 한 부류로 본다면 조현병은 유전될 가능성이 높다. 이런 경우, 만약 부모 중 한 사람이 조현병 증상을 보인다면 자녀가 같은 증상을 보일 가능성은 49퍼센트이며, 만약 부모가 모두 그렇다면 이 확률은 66퍼센트까지 된다. 만약 일란성쌍생아 중 한 명이 조현병을 가지고 있다면 다른 한 명 역시 조현병을 앓을 가능성은 87퍼센트가 된다.

하지만 이 질병들은 마른 귀지 혹은 젖은 귀지(기억 나는가?)처럼 복불복이 아니라 광범위한 연속체로 존재한다. 그러므로 내가 우울증이 유전될 확률은 40퍼센트라고 말한다고 해서, 이 말이 우울증 부모의 자녀들 중 40퍼센트가 틀림없이 우울증에 걸린다는 뜻은 아니다. 우울

▷▭▭◁▭▭◁ DNA의 모든 것을 이토록 쉽고 재밌게 설명하다니!

증에 걸린 부모의 자녀 역시 우울증 발병에 취약할 확률이 40퍼센트라는 뜻이다. 따라서 이는 확실한 결과가 아니라 일반적인 예측일 뿐이다. 수평선 위로 전혀 나타날 기미가 없는 폭풍우를 매번 예보하는 것처럼 말이다.

정신 질환에 책임이 있는 유전자들을 계속 탐색하다 보니, 4개의 DNA 정보 단위들이 심증이 가며 그중 2개는 세포의 칼슘 채널에 관여한다. 당신의 두뇌가 "이 부리토는 내 단골 메뉴다"와 같은 내용을 실은 전기적 신호를 보내는 방식은 전하를 띠는 화학물질(이온)들을 이동시켜 전지의 극처럼 양극과 음극을 생성함으로써 가능하다.

칼슘 이온들은 양극을 띠는데, 만약 칼슘 채널이 제대로 작동하지 않는 상태라면 신경세포가 신호를 주고받는 방식에 변화를 줄 수 있는 것이다.

재미있는 사실은, 네 가지 가능한 DNA 돌연변이들 중 세 가지가 다수의 정신 질환, 즉 자폐스펙트럼장애, 조울증, ADHD, 주요 우울장애, 그리고 조현병과 관련을 맺고 있다는 점이다. 이런 현상은 일란성 쌍생아가 서로 다른 정신적 질병을 앓고 있는 경우를 다른 쌍생아 연구들을 통해 예견되었다!

정신 질환에 대한 인식을 높이는 것은 상당히 어려운 일이다. 왜냐하면 잘못된 메시지를 보내지 않으려 해도 그렇게 되기 쉽기 때문이다. ADHD와 우울증과 같은 질병을 과잉 진단하거나 과잉 진찰하고자 하는 사람은 없을 것이다.

정신 질환에 관한 한 이상한 죄책감도 존재한다. 어떤 이들을 자신의 문제가 어디까지나 본인의 부족함에서 오는 결과가 아니라 유전적이자 물리적인 질환으로 말미암은 것임을 알고서 쾌재를 부른다. 그것은 그들이 아무 잘못도 하지 않았고 이제 죄의식 없이 해결책을 찾을 수 있다는 것을 의미하기 때문이다.

그렇지만 다른 이들은 그들의 질환이 물리적·유전적 문제라는 사실 때문에 좌절감을 느낀다. 그것은 기적처럼 사라질 리 없는 공고한 문제임을 뜻하기 때문이다. 하지만 지원을 해주고, 경우에 따라서는 약물 치료를 통해 그들을 도울 수 있는 방법은 많다. 게다가 이런 정신 건강 문제들의 본질에 대해 더 많이 알수록 치료를 위한 선택의 폭도 늘어날 것이다.

당신의 당신다움

유전자는 어떻게 우리 개개인의 정체성에 영향을 끼치는 것일까? 이것은 대부분의 사람들이 은밀히 알고 싶어하는 정보다. 높은 IQ나 탁월한 음악성 혹은 테니스 실력에 기여하는 것은 어떤 유전자일까? DNA의 어느 부분이 어떤 이는 극도로 어려운 상황에 직면하고도 긍정적인 자세를 잃지 않게 하는 반면, 다른 이는 일반인들은 생각지도 못할 장점과 기회가 있음에도 불구하고 냉소적인 게으름뱅이가 되게 하는 것일까? 유전자들은 우리 각자가 우리 자신이라 여기는 보편적인 본질에 어떻게 기여하는 것일까? 답은 무척 간단하다. 아직 모른다. 실망스러운 답이어서 미안하지만, 사실이 그렇다.

우리가 개성이라 인정하는 것들, 그러니까 우리를 남들과 다른 존재로 만들어 주는 형질들의 총체는 모두 우리 두뇌가 작동하는 방식을 알려주는 신경생물학에 근거한다. 그리고 우리는 어떤 유전자가 이런저런 특성과 상관관계가 있는지에 대한 힌트를 얻기 위해 여러 인간 게놈들을 샅샅이 뒤지고 있다. 또한 인간 두뇌를 지도화하고 화학물질, 세포, 구조들의 복잡한 춤사위가 어떻게 생각, 감정, 느낌, 동작으로 표현되는지를 보다 완벽하게 이해하기 위해 안간힘을 쓰고 있다

현재 우리가 인간 게놈을 해독하고 있는 방법들 중 하나는 DNA 염기서열 분석 서비스 및 데이터베이스에 의한 것이다. 이런 기업들은

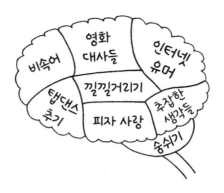

당신에게 당신 조상들에 대해 많은 것을 알려줄 수 있으며, 어떤 기업들은 주로 사람들의 DNA를 설문 조사에서 기꺼이 제공하는 정보와 비교한다. 이런 비교 연구는 키, 피부색, 그리고 진단받은 건강상 문제와 같은 객관적인 특성들에 대한 유전자들의 위치를 찾는 데 도움이 되어 왔다. 하지만 만약 우리가 개인적인 특성들을 묻는 설문지에 답하고 그 정보를 제공한다면 그건 우리의 (가끔 잘못된) 통념에 거슬리는 일이 될 것이다.

당신은 게놈 분석 연구자들에게 키는 5피트 6인치(167.6센티미터), 갈색 머리를 가지고 있으며, 2형 당뇨를 앓고 있다는 사실을 너무나도 쉽게 알려줄 수 있다. 하지만 기질, 참을성, 적극성, 쇠심줄 같은 끈덕짐, 기타 등등에 대한 질문에는 어떻게 반응하겠는가? 객관적으로 답할 수 있겠는가? 혹은 의사들이 얼마나 자주 운동을 하는지, 얼마나 자주 치실을 사용하는지 물으면 우리 중 다수가 그러는 것처럼 당신 역시 진실을 보기 좋게 둘러대겠는가?

"선생님, 저는 매일 치실을 사용해요. 정말이에요. 혼내지 마세요.

알았어요, 알았다니까요! 고작해야 한 2주에 한 번 해요. 잘 모르겠어요. 심해지지 않게 좀 도와주세요. 그런데 선생님이 왜 화를 내시는 거죠? 제 구강 위생이 끔찍하면 치료비를 더 청구하시지 않나요? 훈계는 그만하시고 뭐가 가장 중요한지 생각하세요. 이러면 선생님만 우스워 보인다고요."

어떻게 우리가 좋아하는 개성적 형질들을 골라내겠다는 말인가? 본인을 아주 잘 표현한다고 여겨지는 형질들을 모두 표시하는 체크박스 형태로 질문하겠다는 말인가? 당신은 참을성 정도에 대해 1부터 10까지 숫자로 스스로 점수를 매기고 있을 터인가? 도대체 어떻게 당신의 모든 행동 범위를 유전적 연구 용도로 쓰기 위해 당신이 보고할 수 있는 정량화된 값들로 단순화시킬 수 있단 말인가?

당신에 대해서는 잘 모르겠지만, 어떤 날 당신이 만나게 될 나는 가장 중립적이고 참을성이 강하고 본분에 충실한 고기능성 인간일 것이며, 또 다른 날은 빨랫감 같은 시답지 않은 일로 신경쇠약에 걸린 사람일 것이다. (그렇다, 이것이 진짜 모습이다. 남편이 증인이다.)

우리는 항상 주어진 환경에 똑같이 반응하지 않는다. 최적의 환경에 따라 우리의 개성에 점수를 매기려면 충분한 수면, 건강한 음식 섭취, 적당한 수분 유지, 그리고 발가락을 찧지 않았다는 조건이 갖춰져야 한다. 이런 이상적인 환경이 주어지면 대부분의 사람들이 매우 친절하고, 참을성 있고, 또 기지 넘칠 수 있기 때문이다. 하지만 2시간밖에 못 자고, 밥 대신 아몬드 반 줌에, 몇 시간째 교통체증으로 차 속에서 옴짝달싹하지 못하는 상황이 이어지고 있을 때 대부분의 사람들에게 그런 점수화된 개성은 설득력을 잃는다. 개성적인 형질의 유전적인 근거는 무엇일까?

마침내 우리는 주요한 개성적 형질들 하나하나에 대한 유전적인 뿌리를 추적할 수 있게 될 것이다. 하지만 사람들은 여전히 복잡하고 예측불허다. 그러므로 유전적으로 당신이 참을성 있는 인간이라고 해서 쓰레기 버리는 날 매번 쓰레기 버리는 걸 잊어버리는 룸메이트에게 눈이 뒤집힐 정도로 화를 내지 않으리라는 것은 아니다. 질병과 같은 독특한 특질에 대한 유전학일지라도, 가끔 예/아니요 식의 답이 아니라, 세포핵 속에 새겨져 있는 그런 질병들에 걸릴 가능성을 말해 줄 뿐이다.

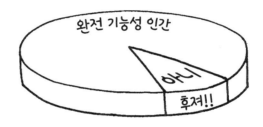

나는 인류가 유전적으로 더 많은 것을 알게 될 날을 손꼽아 기다리지만, 사람들이 드러난 자신에 대한 정보 때문에 좌절감을 느끼지 않길 바란다. 나는 특히 여성과 남성의 서로 다른 두뇌 패턴에 관한 연구에 대해 이런 감정을 느낀다. 연구자들이 밝혀내고 있는 것들은 모두 통계적인 평균과 추세로서 개개인을 대변하지는 않는다. 특히 남성과 여성의 차이점들을 규명하는 연구는 완전히 역효과를 낳는다. 예를 들어, 남성들이 (아직까지도 성별 차이가 큰 직종인) 기술직에 더 적합한 유전적 이유를 연구자들이 실제로 알아냈다고 가정해 보자. 그 정보로 우리는 무엇을 하게 될까? 이는 결코 여성들이 훌륭한 엔지니어가 될 수 없음을 뜻하지는 않는다. 우리는 경험상 그것이 사실이 아님을 안다. 하지만 그런 정보 때문에 기술직에 흥미를 느끼는 여성들이 단념하게 되지는 않을까? 여성에게 불리한 성차별적 관행의 증거로 작용하지는 않을까? 나아가 사람들이 눈앞의 현실을 바꾸려는 노력을 포기하게 되지는 않을까? 나는 정말로 그렇게 되지 않길 바란다.

개성에 대한 유전학은 흥미로운 주제다. 게놈의 염기서열을 분석해서 당신의 개성적 형질들을 인쇄물로 볼 수 있다는 발상은 내게는 마치 점성술처럼 들린다.

"당신의 DNA에 의하면 당신은 대부분의 경우 친절하고, 참을성 있는 편이며, 먹고 자는 걸 좋아할 확률은 90퍼센트입니다."

개성이란⋯ 사실 너무나도 개인적이고 복잡다단하면서도 변화무쌍해서 우리가 우리 자신에 대해 캐낸 비밀스러운 정보가 유용하다고 할 수조차 거의 없을 것이다.

최악의 결과는 바람직하지 않은 개성적 형질들이 표출될 유전적 가능성 때문에 사람들이 발목 잡힌 기분을 느끼는 것이다. 향후 유전자 테스트로 당신이 사실은 머저리가 될 성향이 있음이 밝혀진다면 어떻게 하겠는가? 이 정보로 무엇을 하겠는가? 유전적으로 2형 당뇨를 얻을 가능성이 있는 누군가가 당 섭취를 피하는 것처럼 장차 머저리다운 사건들을 벌이지 않도록 당신의 본성에 대항하며 인생을 보낼 것인가? 아니면 당신의 본질은 바꿀 수 없으므로 이에 쓸쓸히 항복하고 말 것인가?

오해하지 말기를 바란다. 나는 다음 질문의 답을 알고 싶다. 어떤 이들은 끝없이 인내심을 발휘하는데 다른 이들은 계산대 앞에서 30초만 지체되어도 침착성을 잃는 이유는 무엇일까? 또한 어떤 이들은 지나치게 낙천적인 적극성으로 어마어마한 차질이 빚어져도 상황을 처리할 수 있는 반면 무한대의 자원과 기회를 지닌 이들이 그들을 둘러싼 세상에 희생당하고 있다고 느끼는 이유는 무엇일까? 인간의 개성적 형질들의 변이는 믿기 어려울 정도로 놀랍고, 더욱이 사람들은 가끔 그들의 감정적 습관을 바꾸기까지 한다. 자신이 처한 환경에 순응하고 거기서 일하기 위해 자신의 개성을 바꾸려는 유전적 성향이 과연 존재할까?

모르겠다. 개성의 유전학에 대한 이번 장을 통틀어 실제로 알아낸 것은 아무것도 없다. 하지만 나처럼 당신도 이런 연구의 가능성들, 윤리적으로 고려되어야 할 문제들, 그리고 향후 문화적 충격들에 대해 생각하는 걸 즐겼으면 좋겠다. 아주 간단히 말해, 개성의 유전학은 독특하고 흥미로우니까.

▷━◁▥ DNA의 모든 것을 이토록 쉽고 재밌게 설명하다니!

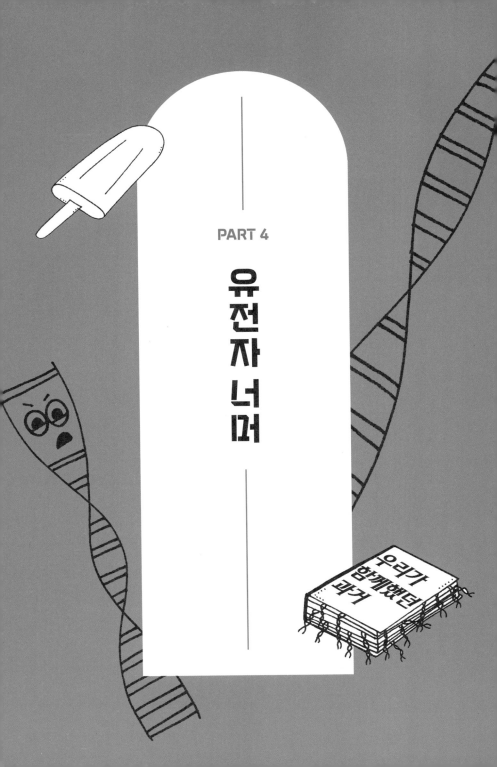

PART 4

유전자 너머

본성을 양육하라

본성과 양육에 대한 논쟁은 거의 끊임없이 지속되고 있다. 본성과 양육이라는 말의 의미는 다음과 같다. 우리의 현재 모습과 미래 모습은 모두 유전적 운명에 의해 예견되는 것인가, 아니면 전적으로 환경적 영향 및 개인적 경험에 의한 것인가? 이 논쟁의 양쪽 주장이 스펙트럼의 양극단에 놓여 있다면 당신은 종종 그 중간 어디쯤에서 답을 발견하게 될 것이다.

사실 우리가 이 질문을 제기하거나 거기서 나온 답을 재검토할 때마다 둘의 조합이라는 말이 나올 게 뻔하다. (김빠지게도.)

하지만 이런 대답은 결코 충분하지 못하다, 그렇지 않은가? 우리는 완벽한 답을 원한다! 언제나 적용되는 정답을 원한다는 말이다! 하지만 다시 한번 말하지만, "생물학에서 언제나 맞고 절대 아니다는 절대 맞는 게 아니다." 물론 "절대 맞는 게 아니다"라고 할 때는 예외로 인정하겠다. 이때의 '절대'는 맞는 표현이기 때문이다. 아주 모순된 표현이지만 신경 쓰지 말자.

사회적으로 우리는 이 문제에 대해 수시로 태도를 바꾼다. 때때로 우리는 유전학은 시작점일 뿐이며, 실제로 결과를 결정짓는 것은 어떻게 길러지는가에 달렸다고 생각한다. 이런 생각은 사람들이 끔찍한 일들을 저지르면 가끔 우리가 (주로 그 범죄자가 어릴 경우) 그들의 부모를 손가락질하는 이유가 된다. 하지만 극단적인 경우는 물론 그렇게 간단하지만은 않다. 부모가 제아무리 다정다감하고 책임감 있고 강직하다 하더라도 치료되지 않은 정신병을 낫게 할 수는 없다.

최근 들어 우리는 유전학이 인간에게 부여한 한계를 더 익숙하게 받아들이게 되었다. 하지만 그렇다고 해서 물론 부모들을 곤경에서 벗어나게 해주지는 않는다. 유전학이 IQ, 기질, 그리고 정서적 행복 면에서 어떤 수치로 한 개인을 수량화하든 간에, 그런 형질들이 걷잡을 수 없이 무분별하고 유해한 환경 속에 방치될 때, 그것은 실제로 어느 정도 악영향을 끼칠 것이다.

이 시점에서 당신은 이렇게 말할지도 모른다. "그러니까, 이게 뭐 굉장히 난해한 과학은 아니네요." 하지만 더 들어 보라! 사람들은 언제나 이 문제에 대해 오락가락하는데 이 시점에서 내가 한마디 하자면 본성과 양육이라는 두 측면은 당신을 당신답게 만들기 위해 서로에게서 동력을 얻는다는 것이다.

본성은 우리에게 광범위하기 짝이 없는 잠재력과 기본 역량을 선사하지만, 그런 특성들을 끄집어내어 활기를 불어넣기 위해서는 양육 환경이 필요하다. 그리고 형편없는 환경은 그 특성들을 뒤죽박죽 만들어 버릴 수도 있다.

본성, 즉 유전자들은 우리의 본질에 지대한 영향을 끼칠지도 모르지만, 대대적으로 본성을 고려하는 것은 제한적이라고 느낄 수 있다. 만약 학교에서 학생들이 시험을 치르지 않고 DNA 표본 채취를 위해 볼 안쪽을 긁는 테스트를 요구받았다면 어땠을까? 그 테스트 결과로 학생들의 상대적인 지식수준을 파악하여 그들을 우등반 혹은 열등반에 배

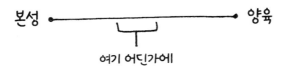

본성 ●━━━━━━━━━━━● 양육

여기 어딘가에

정했다면? 만약 운동 팀 적격 심사를 이렇게 했다면 어땠을까? 학교 연극 오디션은?

우리 자신에 대한 유전적 정보를 더 손쉽게 구할 수 있게 됨에 따라 사회적 차원에서 우리가 그 정보에 대해 얼마만큼 비중을 둘지 결정해야 할 것이다. DNA 검사는 나이 들면서 조심해야 할 향후 질병에 대한 의미 있는 지표가 될 것이며, 우리는 이제 그 DNA 검사를 시작하는 단계에 와 있다. 하지만 우리가 정도를 지키는 가운데 얼마나 더 많은 정보를 사용할 수 있을까?

총기 규제 논쟁을 예로 들어 보자. 일부 사람들은 어떤 평가를 통해서 정신적으로 불안정한 사람들이 총기를 가까이할 수 없도록 하길 원한다. 정말 기막히게 좋은 생각 같다. 이를테면 당신이 약간의 침만 제공하면 DNA 평가를 통해 특정 정신병에 대한 잠재성이 있는지 여부를 알 수 있을 것이다. 그런데 이것이 정당한 일인가? 아니면 불합리한 것인가? 초강력 DNA 스캐너조차도 유전적 확실성으로 미래를 예언하는 것이 아니라 지표만을 확인하는 것뿐인데도 말이다.

이때부터 상황은 실로 모호해지기 시작한다. 우리는 당연히 DNA가 우리를 불합리하게 제한하는 것을 원치 않는다. 사실 가끔 무의식적으로 DNA가 이미 우리를 제한하고 있을지라도 말이다. 만약 당신의 가

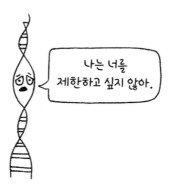

족 구성원들이 모두 상대적으로 단신이라면 당신이 NBA 구단에 들어
가는 건 꿈도 꾸지 않는 것처럼.

이렇게 생각해 보자. DNA는 당신이 무엇을 할 수 있는지를 예견할
수 있지만, 당신이 무엇을 하고자 하는지는 예견할 수 없다. 해리 포터
가 볼드모트와의 유사성 때문에 불안감에 휩싸였을 때 덤블도어 교수
가 했던 말과 같다.

"해리, 바로 우리의 선택이 우리의 참모습을 보여주는 거란다. 우리
의 능력보다 훨씬 더 많은 것을."

그렇고 말고요, 덤블도어 교수님. 아무렴요.

쌍생아 이야기

쌍생아 연구는 본성과 양육이 충돌이 벌어지는 최고의 시험대가 된다. 특히나 쌍생아들이 태어나면서 떨어져서 지낸 경우가 그렇다.

나는 특별히 일란성쌍생아를 지칭하고 있는 것이다. 이란성쌍생아 역시 쌍생아이긴 하지만(그러므로 자동적으로 굉장히 특별하긴 하지만), 보통 형제자매들보다 서로 더 유전적으로 밀접하지 않다. 만약 쌍생아들의 유형이 헷갈린다면(많은 사람들이 그렇기 때문에 기분 나쁘게 생각하지 말길), 내가 충분히 설명하겠다.

생식 과정 중에, 에헴, 정자들은 긴 여행을 끝내고 난자(혹은 난자들)에게 접근했다. 어떤 여성의 신체는 배란하는 걸 너무 좋아한 나머지 한 번에 1개 이상의 난자를 배출한다. 만약 정자를 기다리고 있는 난자가 2개라면 그래서 2개의 난자가 모두 수정된다면 짜잔! 이란성쌍생아가 생기게 된다. 이란성쌍생아란 쌍생아가 2개의 독립적인 접합자에서 출발했다는 뜻을 가지고 있다. 접합자란 한 인간의 최초 세포를 일컬으며 정자와 난자가 매우 기이한 첫 만남을 가질 때 형성된다. 즉 엄밀히 말해 수정란을 뜻한다.

이란성쌍생아는 자궁을 함께 썼던 형제자매들일 뿐이다. 틀림없이 이란성쌍생아는 서로 보다 친밀한 결속감을 느낄 것이다. 태아 시절을 줄곧 함께 보냈고, 생일이 같으며(혹은 아주 운이 좋으면 하루 차이가 나

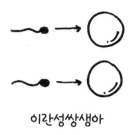

이란성쌍생아

는데 그들의 출생이 자정에 걸쳐 진행되었을 경우가 그렇다), 언제나 나이도 같으니 말이다. 하지만 헷갈리지 말기를. 이란성쌍생아는 어떤 경우든 간에 그냥 자매 혹은 형제 혹은 남매일 뿐이다.

하지만 일란성쌍생아는 동일한 난자에서 형성된다. 이 난자는 1마리의 정자와 관계를 맺고, 1개의 즐거운 접합자가 되었으며, 발생 단계에 접어들기 시작한다. 하지만 보름달이든 뭐든 간에 뜻밖의 일로 인해 그 접합자가 둘로 쪼개진다. 정중앙에서 정확히 반으로. 이로써 정확히 똑같은 DNA를 지닌 2개의 분리된 독립 개체들이 탄생하게 된다. 각각의 개체는 인간으로 성장하며, 이 둘이 바로 일란성쌍생아다.

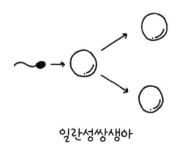

일란성쌍생아

▷━━▷━━⟨⟨⟨⟨⟨ DNA의 모든 것을 이토록 쉽고 재밌게 설명하다니!

어떤 엉성한 할리우드 영화들(미안하지만 〈잭 앤 질*Jack and Jill*〉)과 어린이 대상 TV 만화들(미안하지만 〈아기천사 러그래츠*Rugrats*〉) 때문에 일란성 쌍생아에 대한 약간의 오해가 존재한다. 성별만 빼면 모든 면에서 똑같은 남매 쌍생아와 같은 얼토당토않은 설정이 나오는 것이다.

저런.

만약 한 쌍의 쌍생아가 남자아이와 여자아이로 구성되어 있다면 성별이 다른 쌍생아는 이론적으로 일란성쌍생아가 될 수 없다. 일란성쌍생아 중 1명이 성전환을 했다면 가능하기는 하다. 〈오렌지 이즈 더 뉴 블랙*Orange is the New Black*〉에 출연했으며 실제 성전환 수술로 여성이 된 래번 콕스와 그의 일란성쌍생아 형(혹은 동생)의 관계처럼. 반대로 성별이 다른 쌍생아 중 한 명이 성전환을 했다면 그들은 당연히 이란성 형제 쌍생아이거나 이란성 자매 쌍생아가 된다.

이 장의 실제 주제로 넘어가기 전에, 다소 신경에 거슬리던 쌍생아에 대한 TV 속 거짓말을 하나 더 떨어버려야겠다. 드라마 〈못 말리는 패밀리*Arrested Development*〉에는 일란성쌍생아인 조지와 오스카가 나오는데 이 둘은 간혹 머리로만 구분할 수 있다. 조지가 대머리이고 오스카가 대머리가 아니기 때문이다. 이런 설정은 이 드라마에서 비교적 비중 있는 플롯 요소로 작용하는데 완전히 터무니없는 발상이다. 그도 그럴 것이, 남성의 대머리는 전적으로 유전에 의한 것이며, 쌍생아 중 1명만 대머리이고 그의 쌍생아 형제의 머리숱이 무성한 경우는 불가능하기 때문이다.

나는 유전학을 다루는 책에서 불가능과 같은 말을 가볍게 쓰는 사람이 아니다. 무슨 일이든 일어날 수 있으니까 말이다. 실제로 나는 지금 일란성쌍생아 한 쌍이 X 염색체들상의 대머리 유전자에 관한 한 서로 약간씩 다를 수 있을 만한 경우를 생각해 보고 있다. 어쩌면 소량의 방사선이 어떤 이유에서 쌍생아 1명에게는 대머리 유전자를 기능성 유전자로 복원해 주고, 다른 한 명에게는 복원해 주지 않는…. 아니다, 있을 수 없는 일이다. 그렇게 될 수가 없다. 만약 당신이 대머리에 관한 한 서로 다른 양상을 보이는 일란성쌍생아에 대해 들어 본 적이 있다면 내게 이메일을 보내 주길 바란다. 진지하게 요청하는 것이다. 나는 이런 일은 완전히 불가능하다고 확신한다.

쌍생아 연구라는 본론으로 돌아와서, 쌍생아는 유전학 연구의 훌륭한 실험 대상들이다. 우리는 일란성쌍생아를 통해 어떤 형질을 관찰함으로써 그 형질이 얼마만큼의 '유전성'을 가지고 있는지 판단할 수 있기 때문이다.

나는 '유전성'이라는 말을 주로 유전학이 어떤 특정한 형질에 독자적으로 기여하는 정도의 의미로 사용한다. 어쨌든 무언가의 유전성을 논한다는 것은 그것이 정신질환이나 암 혹은 바구니 짜기에 대한 소질처럼 뭔가 복잡한 것임을 의미한다. 그러니까 유전적 요인과 환경적 요인이 결합되어 있다는 뜻이다. 일란성쌍생아인 두 사람에게 그 무언가의 발생 여부를 확인함으로써 우리는 그것이 어느 정도의 유전성을 갖고 있는지 판단할 수 있다.

예를 들어서, 일란성쌍생아 자매가 정확히 동시에 유방암에 걸린다면 유방암의 유전성은 매우 높다고 말할 수 있다. 비슷한 예로 만약 쌍생아 중 1명이 조현병을 갖고 있고 다른 1명은 그렇지 않다면 조현병의 유전 가능성은 그리 높지 않다고 볼 수 있다.

▷━━◁▥▥ DNA의 모든 것을 이토록 쉽고 재밌게 설명하다니!

만약 당신에게 함께 자란 쌍생아 자녀들이 있다면 연구 방식은 위와 같이 적용된다. 만약 당신에게 태어날 때 헤어진 쌍생아 자녀들이 있다면 당신은 본성이냐 양육이냐는 연구 분야에서 대박을 터뜨리게 된다. 이 쌍생아가 함께 키워진다면 그들이 거의 똑같은 환경에 노출됨을 뜻하지만, 쌍생아가 똑같은 환경에 노출되지 않는 상황에서 당신은 한 개인의 유전학이 어떤 역할을 하는지 알게 된다.

또한 일부러 따로 떨어져 지내면서 각자의 정체성을 주장하는 어떤 쌍생아의 성향에 대해서는 그냥 넘어가도록 하자. 일부 일란성쌍생아는 언제나 자신의 복사본을 대동하고 다니면서, 그들을 구별하지 못하는 선생님들을 일일이 상대하고, 또한 일란성쌍생아라는 낙인이 찍히는 것을 그리 달갑게 여기지 않는다.

쌍생아로 태어난 제리 레비와 마크 뉴먼은 서로 다른 집으로 입양되어 뉴저지에서 불과 몇 마일을 사이에 두고 자랐다. 하지만 둘 중 누구도 근거리를 활보하는 일란성쌍생아 형 혹은 동생이 있다는 사실을 몰랐다. 그들은 둘 다 소방관이 되었고 소방관들 회의에서 형제 중 한 명의 동료가 다른 한 명을 목격하면서 만날 수 있었다. 그 동료가 둘의 만남을 주선함으로써 서른한 살의 나이에 레비-뉴먼 형제가 상봉했던 것이다. 키, 무의식적 버릇, 코밑수염, 부분적 탈모까지 똑같은 일란성쌍생아가 서로 마주보았다. 심지어 소방관이 되겠다는 소명의식까지도 그들의 DNA에 들어 있었다니. 아니면 뉴저지 수돗물에 들어 있었을 수도 있다. 어쨌든 우리는 두 번 다시 그들이 헤어지지 않길 바랄 뿐이다.

나는 이 쌍생아 이야기와 쌍생아가 똑같은 이름을 가진 사람들과 결혼했다는 식의 이야기들을 무척 좋아하지만 떨어져 있던 쌍생아가 서로 완전히 다르게 자라는 경우도 존재한다. 이는 무슨 뜻일까?

우리는 알지 못한다, 됐는가? 나를 그만 나무라길 바란다!

실제로 그것이 뜻하는 바는 사람으로서 우리는 어떤 존재인가에 대해 유전학이 굉장히 큰 역할을 하지만 다양한 경험들 또한 우리의 본질을 형성하는 데 영향을 미친다는 것이다. 짐작하건대, 제리와 마크 둘 다 뉴저지에서 동일한 사회경제적 계층에서 자랐을 것이다. 각각 스페인과 남극대륙에서 입양되어 길러진 일란성쌍생아는 서로 판이하게 다른 것으로 드러날 수도 있다. 어쩌랴, 그게 인생인 것을.

유전자를 넘어서

이미 수차례 암시했지만, 우리는 유전학의 돌발행동에 대비해야 한다. 당신이 어떤 존재인가 하는 문제는 단순히 당신이 어떤 유전자를 갖고 있는가에 대한 것이 아니라 당신의 그 유전자들이 켜지거나 꺼질 수 있는가에 달려 있기도 한 것이다.

잠시 복습해 보자. 유전은 오직 당신의 유전자들에 의해 결정될 뿐이며 당신의 부모가 행했던 일과는 아무 관계가 없다는 것이 자연선택, 적자생존 같은 다윈설에 입각한 모든 이론의 주된 생각이다. 장 바티스트 라마르크라는 과학자는 부모가 얻은 경험이 자손에게 물려준

특성에 영향을 미쳐 특정 환경에 적응할 수 있다는 이론을 세웠다.

가장 자주 언급되는 예는 기린과 그 생뚱맞게 긴 목이다. 그런데 이 기린의 긴 목은 물웅덩이에서 물 마시는 것을 상당히 불편하고 어색한 일로 만들어 버린다. 다윈은 기린의 긴 목이 무작위적 돌연변이들의 결과라고 설명했다. 그리고 이런 돌연변이들로 인해 우연히 좀 더 긴 목을 갖게 된 기린들이 더 성공적으로 적응하는 기린 집단이 형성되었다. 시간이 흐르면서, 점점 더 긴 목을 가진 기린들만이 살아남을 수 있었고, 우리가 지금 알고 있고 사랑하는 멋지고, 성공적이고, 어색한 종으로 이어졌다.

라마르크는 한평생 더 높은 나무 잎사귀들을 향해 목을 뻗다 보니 목이 늘어나게 되었을지도 모르며, 이렇게 늘어난 목을 자손들이 물려받은 거라고 생각했다. 이 예시는 라마르크의 이론을 아주 단순화한 것이지만 대략적인 개념이 그렇다는 것이다.

이 논쟁이 진정되었을 당시에는 획득된 형질들은 조금도(천만에!) 유전되지 않는다는 것이 일반적인 통념이었다. 당신에게 주어진 유전자들은 본질적인 것으로서, 당신이 만든 난자 혹은 정자 속으로 이 유전자들이 들어가게 되면 그것으로 끝이다. 당신이 부모로부터 얻은 DNA 지령서를 편집하거나 교정하는 일은 있을 수 없다. 마치 유치원 시절, 어른들이 여러 가지 맛의 막대 아이스크림을 나눠주면서 늘상 하던 말처럼. "주는 대로 받는 거다."

만약 당신의 지식, 경험, 그리고 습관과 같은 유전적인 특질들을 물려줄 방법이 있다면 그것은 정말 유용할 것이다. 생각해 보라. 만약 각 세대가 일생 중 첫 18년을 읽고, 쓰고, 멍청이가 되지 않기 위한 기본

DNA의 모든 것을 이토록 쉽고 재밌게 설명하다니!

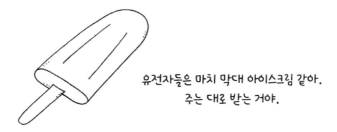

유전자들은 마치 막대 아이스크림 같아.
주는 대로 받는 거야.

기를 배우는 데 할애하지 않아도 되었다면 인류의 문명이 얼마나 빠르게 변천했겠는가. 만약 박사가 낳은 아기가 그의 지식을 가지고 태어났다면 그 아기는 피펫을 잡고 키보드를 두드릴 수 있을 정도의 운동 기능이 생기자마자 연구 활동을 시작할 수 있었을 것이다. 이렇게 두 세대가 지나면 우리는 눈부신 기술을 얻게 되었을 것이다.

물론 만약 우리가 획득한 형질들을 모두 물려받았다면 부상, 끔찍한 경험, 또한 나쁜 버릇 또한 포함되어 있었을 것이다. 이 정도는 약과다. 만약 당신이 부모님의 지식을 갖고 태어났다면 아마 수정된 순간 역시 기억에서 떠올릴 수 있을 것이다. 그걸 누가 원하겠는가.

징그러워.

지금껏 기린의 길어진 목과 천체물리학에 정통한 아기처럼 유치한 예들에 대해 이야기했으니, 이제 후성유전학이 실제로 어떻게 작용하는지 설명해 보겠다.

DNA는 당신의 부모가 하는 행동에 의해 약간 수정될 수 있다. 특히 임신 중에 엄마가 하는 행동들이 영향을 미칠 가능성이 많다. 하지만 남성들도 이 문제에서 절대 자유로울 수 없다. 기억하자, 우리 여성들은 난자들을 몽땅 지니고 태어나지만, 남성들은 항상 새로운 정자를 만들고 있다. 그러므로 만약 당신이 마리화나나 담배를 (혹은 그 밖에 다른 것들을) 피우고 있을 때 정자가 만들어진다면, 이는 그 작은 당신의 올챙이들에게 영향을 줄 것이다.

어떤 것들이 우리의 행동에 의해 수정될 수 있을까? 내가 앞서 언급했던 예는 임신 중 흡연을 했던 여성이 아이에게 천식을 유발시킬 수 있다는 것이었다. 그리고 천식을 유발할 수 있는 원인이 흡연뿐만은 아니다. 오염된 공기에 노출되는 것 역시 천식의 위험성을 증가시킬 수 있다.

다른 후성유전학적인 영향들이 아기의 신진대사 및 두뇌 활동이 보정되는 방식에 관여할 수 있다. 예를 들어서 임신 중 극심한 스트레스를 받은 여성은 커서 불안감과 우울증으로 어려움을 겪는 아기를 낳을 가능성이 더 크다. 이런 이유로 나는 어떤 트라우마로 고생하는 임산부에 대한 소식을 들을 때마다 (첫 번째 드는 생각은 "세상에, 얼마나 힘들까!"이고) 두 번째로 드는 생각은 이렇다.

"어머나, 저 가엾은 아이는 자라서 불안감으로 고생하겠구나. 안타까워라."

당신의 체중과 식습관 역시 당신의 아이들에게 영향을 미칠 수 있다. 심하게 과체중인 경우는 남성의 정자와 태아에게 영향을 끼칠 수 있는데, 놀라운 사실은 과체중인 산모의 아기는 항상 체중 미달로 태어난다는 것이다. 이것은 영양소가 부족한 식단 때문일 가능성이 높은데, 제대로 된 음식 대신 건강에 좋지 않은 불량식품들을 먹으면 일어날 수 있다.

내가 당신이 스모그가 심한 도시에서 살 거나 임신 중에 감자칩을 먹은 것에 대해 죄책감을 느끼게 하지 않았기를 바란다. 그럴 의도는 전혀 아니었다. 게다가 이런 연관성들은 현재 도출되는 과정에 있을 뿐, 지금 당장 우리가 전부를 이해하기에는 한계가 있다. 후성유전학이 당신에게 어떤 의미가 있든 간에, 가장 중요한 점은 대체로 당신이 당신 자신을 돌봐야 한다는 점이다.

초파리와 그 밖의 생물들이 우리에게 말해 주는 것

가장 유명한 유전학자인 우리들의 친구 그레고어 멘델은 유전의 기본 원칙들을 발견하기 위해서 완두를 사용했다. 오늘날 유전학자들이 광활한 완두 정원을 가꾸며 암술머리에 꽃가루를 칠하고 있는 것은 아니다. 그들은 실내에서, 여러 세대의 살아 있는 표본 생물들을 기르고 있다. 유전자들과 유전자들이 만드는 RNA와 단백질, 그리고 유전자들이 전체 유기체에 어떤 영향을 끼치는지에 대해 더 많이 이해하기 위해서다. 그들이 연구하는 살아 있는 대상들 중에는 초파리, 설치류, 지브라피시, 효모, 그리고 박테리아가 있다.

초파리

실험대에서 수많은 시간을 보내는 사람을 가리켜 실험실 쥐*lab rat*라고 하는데 실험실 생쥐*lab mouse*라고 하는 편이 더 정확한 표현일 것이다. 생쥐들이 그 정도로 실험실에서 자주 사용되기 때문이다. 하지만 유전학 실험과 관련하여 가장 유용한 생물 중 하나가 생쥐나 쥐, 혹은 심지어 어떤 종류의 포유동물도 아니라는 것에 놀랄지도 모른다. 답은 초파

　ɪ▶◀ɪ◁ɪ◁ɪ◁ɪ◁ɪ　DNA의 모든 것을 이토록 쉽고 재밌게 설명하다니!

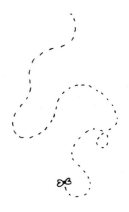

리다.

그렇다. 초파리다. 내가 너무 익은 바나나를 계속 방치해 두고서 혼 잣말로 바나나 빵을 만들 때 쓸 거라고 하면서도 절대 실행에 옮기지 않을 때 나타나는 그 조그마한 녀석들 말이다. 덧붙여 고급 정보가 하나 있다. 만약 그 녀석들이 주방을 점령한다면 사과식초(혹은 적포도주)를 밥그릇에 붓고 랩으로 덮은 후, 포크로 구멍을 내보자. 초파리들은 식초의 유혹에 정신을 차리지 못하고 랩의 구멍을 통해 밥그릇 속으로 들어간 후 나오는 길을 찾지 못하게 될 것이다. 며칠 후, 밥공기는 식초 위에 떠 있는 초파리들로 가득할 것이다. 해결 완료!

하지만 당신이 유전학 실험실에서 일하는 사람이라면 초파리를 전부 없애는 것을 원치 않을 가능성이 크다. 대신에 초파리를 길러서 수를 세고 싶어 할 것이다. 온종일.

어째서 우리는 하필이면 초파리로 유전학 연구를 하는 데 그렇게 많은 시간을 쏟아 붓는 것일까? 이상하게 들릴 수 있다는 건 안다. 초파리가 우리와 밀접한 연관이 있는 건 아니니까. 하지만 잠깐! 진화론적으로 초파리가 인간과 가까운 친척 관계가 아니라고 해서 초파리에게서 유전학에 대한 충분한 정보를 얻을 수 없다는 뜻은 아니다. 우리 인간만의 문제가 아니다.

초파리가 그토록 훌륭한 유전학적 표본이 되는 몇 가지 이유가 있다.

- 초파리들은 작아서 실험실에 보관하기가 쉽다
- 초파리의 생장 주기는 고작 몇 주이며, 암컷들은 한 번에 약 100개의 알을 낳을 수 있다.
- 초파리들의 암수 구분이 비교적 쉬우므로 우리가 그것들을 분리해서 교배할 수 있다.
- 초파리들은 단지 4개의 염색체를 가지고 있으므로 초파리들의 전체 게놈 지도를 작성할 때 작업이 간단하다.
- 초파리들은 하얀 눈 대 빨간 눈처럼 실험실에서 다룰 수 있는 소량의 분간하기 쉬운 형질들을 가지고 있다. 만약 당신이 다른 유전자를 연구하고 싶으면 그 유전자를 하얀 눈 유전자에 붙여 놓을 수 있다. 그런 식으로 당신은 어떤 초파리가 당신이 실험하기 위해 찾고 있는 그 유전자를 가지고 있는지, 마치 초파리가 "날 뽑아 줘!"라고 쓰인 작디작은 피켓을 세워 들고 있는 것처럼 첫눈에 알아볼 수 있다.

DNA의 모든 것을 이토록 쉽고 재밌게 설명하다니!

대머리와 색맹에 대한 이야기로 다시 돌아가면, 나는 이런 형질들을 완전히 독자적으로 유전되지는 않지만 그 발생 가능성이 그 생명체의 성과 관련 있다는 의미에서 반성 유전 형질이라고 말했다. 이 사실을 최초로 증명했던 것이 바로 초파리 연구들이었다. 초파리는 참 고마운 존재다.

생쥐들

포유류 중에서 유전학 실험 연구 분야의 진짜 일꾼은 바로 생쥐들이다. 만약 생쥐가 아니라 소라면 실험실이 매우 넓어야 했을 것이고, 소똥 치우는 사람들이 여럿 필요했을 것이다.

초파리가 훌륭한 표본인 이유와 상당 부분 동일한 이유로 생쥐 역시 유용한 모델 생물이 된다. 생쥐들은 작고, 돌보기 쉽고, (당신을 할퀼 때도 있지만) 손으로 다루기 쉬우며, 자주 번식하고 아주 빨리 자란다. 귀엽기도 하다.

그렇다면 우리는 이 작은 녀석들을 가지고 어떤 일을 하고 있을까? 유전자를 연구하는 보편적인 방법들 중 하나는 녹아웃 생쥐를 만드는 것이다.

녹아웃 생쥐는 특정 유전자가 결여되도록 유전자가 조작된 생쥐다. 프로 권투 선수처럼 주먹을 날리는 생쥐는 전혀 아니다. 어떤 유전자의 기능을 알아내는 가장 쉬운 방법은 어떤 유기체가 이 유전자를 갖고 있지 않을 때 어떤 일이 벌어지는지 확인하는 것이다. 수천 개의 유전자가 생쥐를 대상으로 이런 식으로 실험되어 그 생쥐가 그 유전자가 없이 어떤 영향을 받는지 알아냄으로써 그 유전자들의 정확한 목적을 콕 집어 밝힐 수 있었다.

생쥐는 또한 인간과 매우 유사하기 때문에 좋은 실험 대상이기도 하다. 이것은 생쥐들이 우리와 같은 많은 질병에 걸린다는 것을 의미한다. 우리는 질병의 원인이 되는 인간 유전자와 일치하는 생쥐 유전자에 변화를 주어, 한 가지의 유전질환에 대한 모델을 만드는 데 생쥐 1마리를 이용할 수 있다. 이런 방법은 몇 가지만 예를 들면 암, 심장병, 고혈압, 당뇨병, 비만, 골다공증, 그리고 난청에 유효하다.

연구자들이 생쥐들을 암에 걸리게 하거나 의도적으로 과체중으로 만들고 있다니 슬프게 들리겠지만, 꼭 그렇게 암울한 것만은 아니다. 내가 동물연구를 수행한 적은 없지만, 그 연구를 하는 사람들을 잘 알고 있다. 이런 동물들에 대한 관리는 과학자들이 행하는 다른 어떤 일 못지않게 꼼꼼한 계획하에 세심하게 이루어진다. 이 작은 털북숭이 친구들이 비록 당뇨병과 고혈압에 걸리긴 해도 보통은 최상급 건강보험을 가지고 있는 셈이다.

지브라피시

지브라피시는 초파리와 생쥐와는 다른 방식으로 실험실에서 유용하게 쓰인다. 발달 초기 단계에서 그들의 몸체가 투명해지기 때문이다. 따라서 만약 당신이 어떤 유전자가 (혹은 어떤 유전자의 결여가) 특정 구조의 성장에 어떤 식으로 영향을 미치고 있는지 관찰 중이라면 불과 며칠 후, 당신은 지브라피시의 투명한 몸체를 통해 구조에 어떤 변화

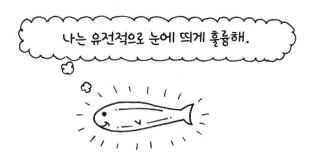

가 일어나는지 현미경을 통해 실제로 볼 수 있게 된다. 게다가 인간의 게놈의 70퍼센트가 지브라피시 게놈과 동일하므로 우리가 지브라피시로 실험할 수 있는 질병들 혹은 그 질병들과 유사한 증상들이 아주 많이 존재한다.

과학자들은 지브라피시의 투명성을 활용해 지브라피시의 몇몇 부위를 빛나게 만드는 형광 표지 기법을 이용하곤 한다. 지브라피시가 박테리아에 의한 감염을 이겨내는 방법에 대해 연구할 때, 연구자는 형광 박테리아를 주입해서 어떤 지브라피시가 감염증에 걸려 빛을 내고 어떤 지브라피시가 그렇지 않은지 실시간으로 확인할 수 있다.

특정 단백질이나 유전자의 발현 여부를 알고 싶은가? 거기에 형광 표지를 붙여 넣어서 그 표지가 어디에서 드러나는지 확인해 보라! 현재 이런 발광성 지브라피시는 심지어 열대어 가게에서도 살 수 있다.

효모

우리에게 빵과 맥주를 만들어 주는 친구들, 바로 효모 차례다. 이 종은 오랫동안 아주 유용한 실험실 친구였다. 무엇보다도 효모는 굉장히 쉽게 생장한다. 만약 급하게 빵을 만들어 본 적이 있거나 당신만의 특별한 맥주를 양조해 본 적이 있다면 이렇게 해봤을지도 모르겠다. 효모를 따듯한 물로 중탕하는 것이다. 그러면 할아버지께서 늘 하시던 말씀처럼 효모들은 '종달새처럼 행복해'할 것이다.

효모들은 단세포이지만 진핵생물로 분류되는데, 이는 우리처럼 효모들이 하나의 핵과 세포기관을 갖추고 있다는 뜻이다. 그래서 서로 닮은 구석이 전혀 없음에도 생물학적으로 인간과 효모는 상당히 많은 공통점을 가지고 있다.

효모는 세포 분열 과정 중에 일어나는 작은 사고가 어떻게 암을 유발할 수 있는지 모델링하는 데 특히 도움이 되었다. 암은 세포가 통제할 수 없을 정도로 분열하여 모든 것을 망칠 때 발생한다. 효모 세포는 구조적으로나 세포 분열의 조절 면에서 인간의 세포와 매우 비슷하기 때문에 우리는 인체에서 이 부분이 어떻게 잘못될 수 있는지 정확하게 알아낼 수 있다.

박테리아

마지막으로 우리의 박테리아 친구들. 이들 역시 실험 공간에서 간수하기에 수월하다. 영양분이 풍부한 한천 젤리로 채워진 샬레에 박테리아를 넣고 자동 온도 조절기를 작동시키면 박테리아들은 사랑스러운 작은 콜로니를 여러 개 형성하며 마구 증식할 것이다.

박테리아는 원핵생물로, 세포핵을 가지고 있지 않기 때문에 앞서 언

🐟🐠 DNA의 모든 것을 이토록 쉽고 재밌게 설명하다니!

급했던 나머지 생물체들과 다르다. 박테리아의 DNA는 특별한 핵 공간에 보관되어 있지 않고, 세포 안쪽 세포질에 존재한다. 박테리아는 우리처럼 비암호화 DNA라는 방대한 도서관을 가지고 있지 않다. 딱 그들이 활용하는 DNA만 지니고 있는 것이다.

하지만 박테리아가 기꺼이 하는 일 한 가지는 당신이 박테리아에게 넣어준 DNA를 사용하는 것이다. 하나의 유전자를 1마리의 박테리아 속에 주입하고 어떻게 되는지 살펴보자. 과학자들은 인슐린 유전자를 넣은 다음, 박테리아가 내일이란 없다는 듯 치열하게 단백질을 생산하는 동안 느긋하게 기다렸다. 이것이 바로 너무나도 간절히 인슐린을 필요로 하는 당뇨병에 걸린 사람들을 위해 상업적으로 인슐린을 생산하는 방법들 중 하나다. 고맙다, 박테리아!

또한 박테리아는 유전자 조절의 작동 원리, 즉 어떻게 한 유전자가 암호화하는 단백질의 필요 여부에 따라 그 유전자가 켜지고 꺼질 수 있는지에 대한 이해를 돕는다. 교과서적인 예는 근처 유전자의 발현을 조절하는 일부 DNA 구간인 락 오페론lac operon이다. 락은 우유에 들어 있는 당인 '락토스'를 말한다.

이런 유전자 스위치들이 어떻게 작동하는지 짧게 설명하겠다. 락 오페론은 락토스를 분해하는 효소들을 암호화하는 유전자를 조절한다. 주위에 락토스가 없으면 이 유전자는 꺼지는데 '억제 단백질'이 이 유전자에 부착해서 발현되지 못하게 막기 때문이다.

하지만 세포에 락토스가 존재하면, 락토스는 사실상 억제 단백질에 결합하여 DNA에 붙어 있던 억제 단백질이 떨어져 나가게 만든다. 이렇게 되면 락토스 분해 효소를 위한 유전자가 발현된다. 이제 세포는 락토스를 대사하는 단백질을 만든다.

그리고 여기서부터 세포는 정말 똑똑해진다. 일단 모든 락토스가 대사물질로 소비되고 나면 락토스는 억제 단백질을 계속 분주하게 움직이게 할 만큼 충분히 남지 않게 된다. 따라서 이 억제 단백질은 유전자에 재부착해서 다시 유전자를 꺼버린다. 락토스가 모두 사라졌으니, 락토스를 잡아먹는 단백질들을 계속 만들 필요가 없기 때문이다.

정말 대단한 시스템이다. 마치 자동 온도 조절기처럼 작동한다. 만약 당신이 이 조절기를 70도에 (당신이 섭씨 온도를 쓰는 지역에 있다면 21도에) 맞춘다면 난방기는 실내 온도가 70도(혹은 21도) 밑으로 떨어질 때 켜질 것이고, 실내 온도가 70도(혹은 21도)를 넘어가면 꺼질 것이다. 이 기계는 적절한 타협점을 유지하기 위한 메커니즘을 갖고 있는 것이다. 그리고 박테리아도 마찬가지다. 녀석들도 그런 식으로 매우 영리하게 움직인다.

당신도 실험 대상

유전학의 또 다른 중요한 시험대는 바로 우리 자신이다. 사람을 대상으로 실험을 한다는 것은 사람을 의도적으로 유전질환에 걸리게 한다는 뜻이기 때문에(과거 인간 실험과 관련하여 지독한 윤리적 일탈이 부지기수로 벌어지긴 했지만) 우리는 사람들을 상대로 적극적으로 실험을 하지는 않지만, 인간의 유전적인 삶 속에서 무작위로 벌어지는 일들로부터 많은 것을 배울 수 있다. 현대 기술은 우리의 세포 속을 들여다볼 수 있는 새로운 방법들을 제공함으로써 DNA의 내부 작동 방식을 꿰뚫

DNA의 모든 것을 이토록 쉽고 재밌게 설명하다니!

어볼 수 있는 통찰력을 선사하고, 생명을 구할 수 있는 획기적인 의학적 성과뿐만 아니라 인간의 진화론적 과거에 대한 더 깊은 이해를 이끌어낸다.

그리고 관심이 있다면 당신이(그렇다, 당신!) 이 일을 도울 수 있다. 이 새로운 유전학 연구 분야에 대해서는 책의 뒷부분에서 자세히 다루겠다.

비교 유전체학에 대하여

우리는 부모님에게서 DNA를 얻었다. 부모님은 그들의 부모님에게서 얻었고, 그 부모님은 그들의 부모님에게서 얻었으며, 그 부모님은 그들의 부모님에게서 얻었고… 몇 장 정도는 이렇게 계속할 수 있을 터이나 당신을 봐서 그만하겠다. 우리가 38억 년 전에 존재하게 된 최초의 작은 단세포 생명체 덩어리에 도달할 때까지 그렇게 계속된다고만 해두자.

그렇다면 DNA가 인간의 진화론적 과거에 대한 정보를 보유하고 있으며, 우리 인간, 침팬지, 그리고 보노보가 서로 얼마나 유사한지 자주 거론되는 것처럼 두 생물체의 DAN가 비슷하면 할수록 그들이 진화론

⊷◁◁◁◁ DNA의 모든 것을 이토록 쉽고 재밌게 설명하다니!

적으로 더욱더 가깝게 연결되어 있다는 사실이 전혀 놀랍게 느껴지지 않을 것이다. 우리 대형유인원류는 우리 DNA의 약 98퍼센트를 공통 분모로 갖는다. 그 나머지 2퍼센트는 더 큰 뇌, 언어, 그리고 (대부분의 경우) 아무 데서나 배설하는 것에 대한 거부감을 선사해주는 유전자들을 암호화하는 부분이다.

다른 종들의 DNA 사이 유사성을 살펴보는 비교 유전체학은 인간의 진화론적 과거를 들여다보는 새로운 방법을 우리에게 제시해 왔다. 우리는 이미 그 생명체들의 물리적 특성들을 바탕으로 한 생명의 나무 (지구상의 모든 생명체 사이의 방대한 진화론적 연결망)에 있는 다양한 종들의 상대적 관계를 알 수 있었다. 하지만 DNA는 다른 유기체들에 대한 인간의 진화론적 밀접성을 재확인하면서 그러한 관계에 대해 좀 더 소상히 밝혀 왔다. 그리고 여기서 다른 유기체들이란 침팬지, 보노보, 고릴라, 그리고 오랑우탄을 일컫는 대형유인원류에 속할 뿐만 아니라 동물, 식물, 균류, 원생생물, 박테리아, 그리고 고세균을 포함하는 전체 가계도에 속하는 우리 인간과 가까운 친척들을 말한다. 우리는 모

두 연결되어 있는 셈이다.

DNA의 차이는 시간이 지남에 따라 축적되는 돌연변이 때문이다. 전반적으로 돌연변이들은 무작위적이며 일정한 비율로 발생하기 때문에 우리가 두 종의 DNA를 비교할 때, 차이점이 많을수록 더 긴 시간이 그들을 진화론적으로 갈라놓고 있음을 의미한다. 새로운 종의 탄생으로 이어지는 시간에 따른 DNA의 끊임없는 변화를 분자시계라고 일컫는다. 분자시계는 몇 가지 대단히 큰 사건들을 측정하는 대단히 작은 시계다.

유전적 유사성과 관련하여 다음 몇 가지 사항을 살펴볼 수 있는데, 바로 특정 유전자들, 유전자들 사이 공간들, 혹은 전체 게놈이다. 이런 비교 작업들은 아주 어렵게 도출된다.

때때로 서로 다른 두 종의 유사성을 알아차리는 가장 좋은 방법은 유전자 사이 공간들 혹은 내가 이 책 초반에 언급한 정크 같지 않은 정크 DNA에서 단서를 찾아보는 것이다. DNA의 이런 영역들 안에서는 돌연변이들이 거리낌없이 축적되기 때문이다. 만약 세포 속 리보솜 단백질 합성 공장을 만들어 내는 유전자처럼 중요한 유전자 속에 어떤 돌연변이가 발생하면 그 돌연변이를 얻은 가엾은 작은 생명체에게는 나쁜 소식이 될 것이다. 그러니까, 그 작은 친구는 자손을 갖지 못할 것이라는 뜻이며, 그런 식으로 돌연변이 역시 영영 종적을 감추게 된다. 지금 돌연변이를 찾아 헤매는 사람들에게는 도움이 되지 않지만 말이다.

기본적으로, 중요한 유전자는 선택의 대상이 되기 때문에 제대로 작동하지 않으면 계속 작동하지 않는다. 비암호화 DNA는 종종 이런 역할 수행에 대한 압박에서 자유롭기 때문에 돌연변이를 정상 속도로 계속 축적한다. 그 어떤 제동 장치도 없이 말이다. 이 상황이 과학자들에게는 도움이 되긴 한다. 왜냐하면 축적된 돌연변이를 통해 진화론적인 수형도에서 두 가지 다른 종들이 갈라지는 시점을 매우 정확하게 파악할 수 있기 때문이다.

그 밖에 DNA가 우리에게 말해 줄 수 있는 것은?

우리는 조상들이 어떤 질병들과 싸웠는지 확인할 수 있다. 바이러스들이 좋아하는 소일거리는 DNA를 인간 세포 속에 주입하는 일인데, 그 DNA 중 일부가 세포 속에 남아서 후대에 전해지기 때문이다. 그런 식으로, 우리는 실제로 어떤 종에 바이러스 잔해가 있는지에 근거하여 수천 년 또는 수백만 년 전의 어느 시점에 큰 전염병이 유행했는지 추적할 수 있다.

바이러스 표지의 한 가지 유형은 1억 년 된 것이며, 인간부터 생쥐·코끼리·돌고래에 이르기까지 38가지 다른 유형의 포유류에 걸쳐 발견된다. 이는 우리 모두의 공통 조상이 이 바이러스에 감염되었음을 뜻한다. 당신과 나, 그리고 돌고래 플리퍼의 공통 조상인 할머니가 심한 감기에 걸렸던 것이 틀림없다. 한 다른 바이러스는 현재에 좀 더 가까운 공통 조상을 감염시켰고, 그 표지는 우리 인간과 침팬지와 보노보 같은 다른 영장류들에게만 남겨지게 되었다.

다른 종의 조상들과 우리의 연관성은 추상적이고 엉뚱한 꿈이 아니다. 그것을 실제적이며, 물리적이고, 당신 안에 내재되어 있다. 그것은 나로 하여금 벌거벗고 초원을 가로질러 뛰어다니며 말코손바닥사슴 울음소리를 내고 싶도록 만든다. 그런 충동 때문에 내가 외톨이인지도 모르지만.

DNA의 모든 것을 이토록 쉽고 재밌게 설명하다니!

세포 소유권에 대한 소름 끼치는 이야기

과학적 연구는 여러 면에서 자본주의적 관행에 기초하고 있다. 연구자들은 연구비 지원을 받기 위해 경쟁하고, 연구 결과들을 최초로 발표하기 위해 전력 질주하며, 모든 면에서 최고가 되기 위해 노력한다. 만약 당신이 새로운 사실들을 발견한다면 이 과정의 일부는 특허권과 관련된다. 대부분의 경우 과학자들은 자신이 한 일에서 재정적으로 이익을 얻고 싶어한다. 물론 그것에는 아무런 문제가 없다. 우리 경제 전체가 꾸려지는 방식이 그렇지 않은가. 하지만 새로운 종류의 전구로 특허를 받는 것은 그렇다 치더라도, 유전학 연구를 행하고 DNA의 특정 부분들로 특허를 받는 것은 유전자 변형 벌집을 건드리는 것처럼 완전히 다른 문제다.

2013년 6월까지는 연구자들이 발견하거나 변화시킨 유전자들에 대해 특허권을 가질 수 있었다. 그리고 이 특허권은 라운드업 레디 옥수수처럼 유전자 변형 작물과 같은 분야에서 사용되었다. 몬산토는 자사의 연구자들이 옥수수의 유전자에 변화를 주었기 때문에 그 종의 유전자들에 대한 특허권을 소유한다. 따라서 연구자들은 지역에 상관없이 그 모든 유전자들에 대한 권리를 갖는다.

　식물에 있어서 특허권 문제는 특히나 까다롭다. 커다란 기계 한 대 혹은 어떤 최신식 소형 장치를 말하고 있는 것이 아니라 생명체에 대해 말하고 있기 때문이다. 씨들이 바람에 실려 인접 지역으로 날아가는 날엔, 특별한 경우가 아닌 이상 이 생명체는 전 지역으로 퍼져 나간다. 당신이 돈을 지불하지 않은 라운드업 레디 옥수수가 당신의 농지에서 발견된다면 이는 매우 심각한 범법 행위다. 하지만 만약 인근 농장에서 씨가 농부의 땅으로 날아온 것이라면 그것이 그의 책임일까? 이는 매우 복잡하고 신경이 곤두서는 문제여서 우리는 아직도 이 문제를 완전히 해결하지 못한 상태다.

　우리 사회와 정부는 여전히 비교적 생소한 이 영역에서 야기되는 얽히고설킨 문제들에 매달리고 있다. 이 영역에서 연구자들은 유전자 변형 생물체의 새로운 유전자와 아종들을 창조해 내고, 당연히 그들의 일과 투자를 보호받고 싶어할 수 있다. 하지만 우리 역시 다음의 사실을 잊지 말아야 한다. 한 번 더 영화 〈쥬라기 공원〉 속 대사를 인용하

　　　🧬 DNA의 모든 것을 이토록 쉽고 재밌게 설명하다니!

자면 "생명을 가둬 둘 수는 없다."

법복을 차려 입은 판사들의 생각은 어떨까?

그렇다, 미국의 대법원은 2013년 6월에 자연적으로 발생하는 유전자는 특허를 받을 수 없다는 판결을 내렸다. 그 고지식한 사람들이 1승을 올렸다! 법관 팀, 아주 훌륭한 판결이었어요!

만약 우리가 염기서열의 순서를 밝힌 유전자마다 특허권이 발급되는 식의 상황이 지속되었더라면 그다지 좋았을 것 같지 않다. 연구, 건강 관리, 다람쥐들에게 완전히 재앙이었을 것이다. (농담이니 다람쥐들은 빼자.)

하지만 진지하게, 유전적 질환이 당신의 가족에게서 발생한다고 상상해 보라. 그리고 조기 발견은 생존을 위해 중요하다. 이제 그 질병의 원인이 되는 유전자가 아무개 박사에 의해 특허를 받았다고 상상해 보라. 유전자 검사 비용은 1만 달러다. 이 금액의 일부는 특허권과 관련된 비용을 충당하는 데 쓰인다. 당신은 이 검사에 1만 달러를 선뜻 지불할 수 있는가? 그것은 분명 믿을 만하고 의지할 수 있는 의학적 상황은 아니다.

유전자에 대한 특허권이 없으면 아무도 DNA의 특정 부분에 대한 권리를 소유하지 못한다. 가족력이 있는 당신의 가상 질병을 유발하는 유전자가 연구원들에 의해 밝혀지면, 이 발견은 학술지에 게재되고, 이제 전국의 모든 의사들이 당신을 검사할 방법에 대해 알게 된다. 명목상 개인분담금이 있긴 하지만, 검사비는 보험으로 처리된다. 내 생각에는 이런 제도가 더 훌륭한 것 같다.

유방암 유전자 검사에 있어 이런 상황은 틀림없이 일어나고 있었고 또 앞으로도 일어날 가능성이 있다. 이 대법원 판결 이전에 그 유전자들은 특허를 받았고, 그래서 검사 비용이 비쌌다. 이제 유방암 유전자에 대한 특허권을 신청할 수 없기 때문에 유전자 검사 출처가 공개될 것이고, 바라는 대로 지금보다 훨씬 더 합리적인 가격으로 책정될 것이다.

유전자는 여전히 특허를 받을 수 있지만, 연구자들이 새로운 것을 창조해야만 한다. 이것은 특허에 대한 내 초등학교 4학년 수준의 이해와 더 일치하는 것 같다. 시간과 돈을 들여 완전히 새로운 것을 발명해 낸다면 당신은 특허권을 획득하지만, 숲속에서 우연히 발견한 것에 대해서는 특허권을 받지 못한다. 그 누구도 순록을 우연히 처음 봤다고 해서 순록에 대한 특허권을 가질 수 없는 것처럼, 그 누구도 당신의 유전자들에 대한 권리를 소유할 수 없다.

이와 관련된 문제가 또 있다. 누가 당신의 세포들을 소유하는가?

세포 소유권에 대한 가장 유명한 사례는 헨리에타 랙스 이야기다.

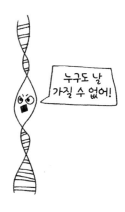

DNA의 모든 것을 이토록 쉽고 재밌게 설명하다니!

그녀는 1920년부터 1951년까지 버지니아주에서 살았다. 그녀가 자궁 경부암으로 병원에 입원해 있는 동안(결국 이 병으로 세상을 떠났다), 그녀의 종양에서 세포 샘플이 채취되었다. 실험실에서 이 세포들을 배양했는데, 놀랍게도 계속 성장하고 분열하고 있었다.

이 세포주는 원래 소유자의 이름을 따서 헬라 세포라고 불린다. 하지만 그 누구도 그 세포들에 대해 그녀에게 허락을 구하지 않았으며, 그녀의 자손들은 아주 기나긴 시간 동안 그녀의 세포들이 샬레 접시에서 계속 살아 있었다는 사실을 모르고 있었다. 게다가 그녀의 세포들은 역사상 아주 획기적인 의학적 발전으로 이어졌던 실험들에 주요 수단을 제공하여 몇몇 사람들에게 엄청난 부를 벌어 주고 있었던 것이다. 헨리에타 랙스의 유가족들이 가난과 싸우고 있던 때에 말이다.

세포들을 과학 연구에 기증한다는 동의와 허락, 기증 행위가 의미하는 바를 이해하면 전에는 한 번도 고려해 볼 필요가 없었던 질문들을 떠올리게 된다. 당신의 세포들이 당신의 신체를 떠나는 순간 그것들에 대한 소유가 중단되는 것인가? 만약 한 연구자가 의학적으로 중요한 치료법을 규명하기 위해서 당신의 혈액이 담긴 바이알(주사용 유리 용기—옮긴이)을 사용했다면 어쨌든 그 실험에 대한 당신의 기여도는 인정되는 것인가? (그래서 그들이 당신에게 빚지고 있는 것인가?)

지금 대답은 '아니요'다. 여기에는 몇 가지 이유가 있다. 우선, 조직 샘플 기증자의 신원은 보통 기밀로 유지된다. 헨리에타 랙스의 경우처럼 세포주를 그 세포들을 생성한 장본인의 이름을 따서 부르는 것이 일반적인 경우는 아니다. 개인적으로 베비Bebi라는 이름이 근사하게 들리긴 하지만….

또한 의학 연구에 사용될 수 있는 조직을 기증하는 사람들이 그때마다 전적으로 돈으로 보답을 받는 선례를 만든다면 과학적 기업에는 크나큰 걸림돌이 될 수 있다. 수많은 서류 작업은 말할 것도 없다.

그러나 다시 말하지만, 나는 자발적으로 조직 샘플을 기증하거나 수술 중에 채취한 샘플들이 연구에 쓰일 수 있다는 데에 동의한 사람들에 대해서 말하고 있는 것뿐이다. 당신 모르게 세포를 채취한다면 상황은 매우 다르다. 그야말로 소름 끼치고, 끔찍히도 졸렬한 행위인 것이다.

이는 매우 까다로운 주제이며, 성난 환자들과 성실한 과학자들이 연루된 미결 소송 사안이다. 하지만 현재 법적으로 일단 세포들이 당신 몸에서 떠나면 당신은 더 이상 그 세포를 소유하지 않으며, 세포들에 무슨 일이 일어나는지 혹은 세포들이 무슨 연구에 사용되는지에 대해 이래라 저래라 할 수 없다. 많은 의료기관들과 의사들이 당신의 세포들을 보관하고, 아마도 연구 목적으로 사용할 수 있도록 허락을 받기 위해 당신이 서명할 동의서를 들이민다. 하지만 사실 법적으로 연구자들이 당신의 허락을 구할 필요는 없다. 만약 당신이 세포를 기꺼이 건네주면, 그러니까 혈액 샘플, 한 컵의 소변, 기타 등등을 제공하면 그들은 그것들로 그들이 원하는 것은 무엇이든지 할 수 있다.

당신은 몸 밖에서도 세포를 소유한다. 바로 생식세포다. 만약 당신이 난자 혹은 정자를 은행에 냉동 보관한다면 그 세포들은 너무나도 당연히 당신 소유다. 전부 다! 다행이다!

DNA의 모든 것을 이토록 쉽고 재밌게 설명하다니!

당신의 염기서열을 가져라!

인간 게놈 프로젝트는 13년 동안 이어졌다. 인간의 DNA에 들어 있는 30억 개가 넘는 염기들의 서열을 알아내는 데 그 정도의 시간이 걸린 것이다. 정말 오랫동안 나는 이 프로젝트를 기본적으로 잘못 이해하고 있었다. 연구자들이 한 사람의 DNA 염기서열을 판독하는 중이라고 생각했던 것이다. 내 고등학생 자아와 DNA에 대한 나의 심도 깊은 이해, 그리고 과학적 모험심은 이것을 비웃었다. 에계계, 그들은 인간 게놈의 비밀을 풀고 있는 게 아니라 한 사람의 게놈을 지도로 그리고 있는 것뿐이야. 그건 어디에다 쓰려고? 그 사람 이름은 틀림없이 데이브일 거야. 끔찍한 팬케이크를 만드는 데이브.

알고 보니, 내가 단단히 오해하고 있었다. 상상해 보라. 본인이 모든 답을 알고 있다고 자부하던 10대 소녀가 틀렸을 때의 그 충격이란!

그들은 데이브 아무개 씨의 DNA 염기서열의 순서를 밝혀내고 있는 것이 아니었다. 그들은 무명 기증자들의 혈액과 정액에서 몇 가지 서로 다른 혼합 게놈들의 염기서열 순서를 알아내고 있었던 것이다

이런 기증자들이 누구인지는 아무도 모른다. 기증자 본인들조차도 모른다. 극비 사항이다.

다만 요즘은 분자 세계에서 무슨 일이 일어나고 있는지 알아내는 데 13년이라는 시간과 수십억 달러를 들일 필요가 없다. 23앤드미(23and-Me), 그리고 내셔널지오그래픽의 지노그래픽 프로젝트의 유전자 분석 서비스를 통해 당신은 단돈 100달러로 당신의 DNA를 들여다볼 수 있다. 아주 흥미진진한 시대다.

23앤드미 같은 서비스들의 목적은 당신의 DNA의 염기서열 순서를 밝히고, (만약 당신이 그 서비스 절차 중 해당 부분에 등록하기로 선택한다면) 참여자들의 데이터베이스 중 친척일 가능성이 있는 사람들을 찾아주는 것이다. 또한 이 서비스들은 모발 색, 눈동자 색, 그리고 비누 같은 고수 맛에 대한 유전자들처럼, 이미 알고 있는 형질들에 대한 유전자뿐만 아니라 현재 알려진 암 유전자들 일부와 다른 질병들에 대한 유전자를 당신이 가지고 있는지 알려줄 수 있다.

지노그래픽 프로젝트는 약간 다르다. 이 프로젝트는 인류의 조상들과 진화론적 기원에 더 집중한다. 만약 당신이 이 프로젝트에 참여한다면 특정한 유전자를 지닌 집단들과 당신의 연관성을 백분율로 산출해 주는 DNA 해석 결과를 얻게 될 것이다. 그들이 고려 대상으로 삼

☞▶◀◀━◀━▥▥▥ DNA의 모든 것을 이토록 쉽고 재밌게 설명하다니!

저렇게 두터운 이마를
여자들이 진짜 좋아하더라.

는 9가지 인류 조상의 구성 집단들은 지중해인, 북유럽인, 서남아시아인, 동남아시아인, 동북아시아인, 미국 원주민, 남아프리카인, 사하라 사막 이남의 아프리카인, 그리고 오세아니아인이다.

그들은 또한 당신의 DNA 중 얼마만큼이 네안데르탈인 혹은 데니소바인에게서 유래되었는지 알려주기도 한다. 이들은 인류와 가까우면서 멸종된 종들로서 최초의 호모 사피엔스와 이종 교배되었다고 알려져 있다.

대부분의 DNA 평가 서비스들에 따르는 부가적인 혜택은 이런 서비스를 통해 당신이 시민 과학 프로젝트에 참여할 수 있다는 것이다. 이런 프로젝트에서 수많은 개인들이 낸 기부금은 과학자들이 연구를 수행하는 데 보탬이 된다. 볼 안쪽 면봉 검사로 간단히 채취한 DNA를 제공하고 이런 큰 프로젝트에 기부금을 보냄으로써 당신은 과학자들이 연구를 수행하고 새로운 현상을 발견하는 데 도움을 줄 수 있다. 어느 모로 보나 정말 환상적인 시대에 우리는 살고 있다. 성대한 과학의 향연에 전 세계가 초대받은 셈이다.

유전학의 미래

미래가 온다! 신개념 치료의 장이 곧 열릴 것이다. 바로 유전자 치료다. 개인 정보 누설, 가족력 탓하기, 사실은 그냥 약 복용하기와 같은 것들은 빼고 생각하자. 유전자를 바꾼다는 점에서 유전자에 대한 치료를 의미한다. 그렇다. 눈을 크게 뜨고 잘 들어 보라.

유전자를 바꾼다고요? 하지만 비어트리스, 당신이 그런 일은 일어날 수 없을 거라고 했잖아요. 그 양성자 빔을 겹쳐 쏘면 큰일 난다면서요(영화 〈고스트버스터즈〉의 대사). 그렇다, 내가 그 비슷한 말을 했던 것 같다. 당신이 아주 지긋지긋하게 여길지라도 당신의 유전자들은 언제나 당신 것이라고, 그것들은 교정될 수 없다고, 주는 대로 받는 거라고.

거짓말이었다.

의사들은 우리가 가지고 있는 결함 있는 유전자들을 제 기능을 수행하는 번쩍번쩍한 새로운 유전자들로 바꿀 수 있는 새로운 기술들을 테스트하는 중이다. 쉽지 않은 연구인 데다 안 풀리는 부분들을 해결하려면 시간이 걸리겠지만 그 가능성은 정말 놀랍기만 하다. 생각해 보라, 유전질환의 종식이라니. 실명의 종식. 발가락 마디 털의 종식. 세상에, 정말 멋질 거야.

이런 위업은 어떻게 달성될 것일까? 무엇보다도 바이러스로 달성될 것이다. 바이러스들은 외부의 핵산(DNA와 RNA)을 세포들 속에 몰래

DNA의 모든 것을 이토록 쉽고 재밌게 설명하다니!

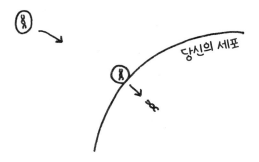

당신의 세포

집어넣는 데 일가견이 있다. 원래 바이러스들이 하는 일이 그것이다. 그 작은 녀석들이 하는 일은 그게 다.

그런데 우리는 바이러스의 이러한 능력을 동력 삼아 영구적으로 활용할 수 있다. 바이러스들이 특별한 분자들과 함께 유용한 유전자들을 운반하도록 고안할 수 있는 것이다. 그 특별한 분자들은 마치 유전자를 복사—붙이기 하듯이 목표 지점에 새로운 유전자들을 끼워 넣는다. 만약 당신이 새로운 유전자가 필요한 신체 부위가 넘쳐난다면(만약 당신이 암과 싸우는 유전자를 끼워 넣을 예정이라면 그 신체 부위는 종양 부위가 될 것이다) 상황이 급하다. 당신은 바이러스를 팁도 요구하지 않는 성실한 유전자 운반기사로 변신시켰다.

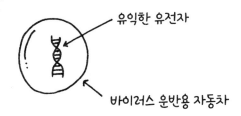

유익한 유전자

바이러스 운반용 자동차

혹시나 당신이 이런 생각을 하고 있을까 봐 말하는 것이지만, 맞다, 대개 좀비 영화가 이렇게 시작한다. '모든 질병에 대한 기적적인 치료법 발견'이라는 뉴스 헤드라인이 뜬다. 그다음 날 모든 사람들이 서로 잡아먹고 그 걸어 다니는 송장들은 황폐한 도심 거리를 어기적어기적 돌아다니고 있다. 하지만 말도 안 된다. 우리는 죽은 조직을 되살리거나 사람의 뇌를 썩게 만드는 그런 바이러스 유전자들을 주입하지 않을 것이다. 그런 것들은 존재하지도 않으니 좀비 대재앙의 가능성은 미미한 셈이다.

특별히 관심을 가지면 좋을 SF 영화는 〈가타카Gattaca〉인데 전지적인 우리의 유전적 미래를 그린 작품이다. 혹시라도 당신이 이 작품을 본 적이 없을까 봐 (아직도 이 영화가 꼭 봐야 할 영화로 손꼽히는지 확신이 서지 않아서) 내용을 간략하게 설명하자면, 미래 사회에서 사람들은 유전적 확률로 도박하듯이 임신하지 않는다. 즉 임의로 놓여 있는 난자가 무엇이든 간에, 그리고 어떤 정자가 먼저 그곳에 도착하든 간에 그것에 아기의 미래를 맡기는 식으로 임신하지 않는다는 것이다. 절대로 그렇게 하지 않는다. 그들은 유전학 카운슬러를 찾아가서 그들의 유전자들 중 아기에게 유전되길 원하는 것들을 고르고, 기왕 하는 김에 어떤 유전적인 '실수'도 교정한다.

결과적으로 모든 사람들은 매력적이고 똑똑하며, 또한 그 누구도 안경을 쓸 필요가 없어진다. 내가 근시여서 부러운 마음에 그런 말을 하는 것이 아니라 안경은 이 영화에서 중요한 이야기 전개 요소다. 에단 호크가 맡은 캐릭터는 '자연' 생식에 의해 태어났는데 그는 교정이 필요한 나쁜 시력을 가지고 있다. 이런 사실은 그를 사람들과 어울리지

DNA의 모든 것을 이토록 쉽고 재밌게 설명하다니!

않으려 하는 유별난 사람으로 만든다. 이렇게 유전적으로 완벽한 사람들의 세상에서 어떤 결함을 가진 이들은 사회적 낙오자가 되기 마련이다. 콘택트렌즈 끼고 있는 거 아무도 모르게 해, 에단! 조심해! 들키면 안 돼!!!

하지만 갓 태어난 아기의 DNA 염기서열 순서가 분석되어 출생 신고서에 사망 날짜 및 원인과 함께, 그 아기가 얻게 될 모든 질병들이 적힌 목록이 인쇄되어 나오는 미래는 당분간 가능할 리 없다, 아니 전혀 불가능하다. 내가 이 책에서 열댓 번은 말했다시피, 당신의 유전자가 모든 것을 결정짓지는 않는다. 인생에서 당신에게 일어나는 일은 당신이 하는 행동에 달렸다. 당신이 사는 곳, 당신이 먹는 것, 당신이 읽는 어떤 책들. 이런 것이 중요한 것이다. 그리고 DNA 보물 상자 속에 숨겨진 모든 비밀을 아는 시대가 오더라도 누군가의 사망 날짜에 대해 확신할 수는 없다. 접시 물에 빠져 죽을 수도 있으니까.

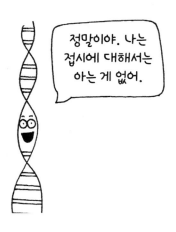

PART 4 유전자 너머

실현 가능한 일은 우리가 DNA를 판독해서(적어도 분만실에서 그렇게 하지는 않겠지만) 우리 자신을 돌보는 방법에 대해 더 잘 이해하게 될 것이라는 점이다. 의사들은 당신을 치료하는 데 보다 정확한 소견을 알리기 위해 당신의 유전학적 서류들을 이용할 수 있을 것이며, 개인들은 본인의 숨겨진 자아를 엿볼 수 있게 될 것이다.

유방암 검사를 받은 후 양쪽 유방 절제술을 택한 사람들에게서 우리는 이런 미래의 시작을 보고 있다. 이는 아마도 유전학적으로 정보에 입각한 의사 결정 중 가장 강한 형태일 것이다. 그리고 이런 유전학 기술의 발달은 인간이 근원적으로 가지고 있는 문제를 드러낸다. 인간은 호모사피엔스, 즉 슬기로운 사람이므로 유전학적으로 예견된 미래의 문제가 생기면 미리 조치를 취하고 싶은 기분이 들게 될 것이다. 내가 유방암에 걸리기 쉽다고요? 가슴 좀 절제해 줘요. 내가 당뇨병에 걸릴 위험이 있다고요? 감사하지만 생일 케이크 사양할게요. 내가 35세가 될 때쯤 완전히 대머리가 될 거라고요? 로게인폼(탈모 치료제-옮긴이) 얼마인가요?

하지만 어디까지가 합리적인 예방이고 어디서부터가 편집증적 과잉 반응의 시작인 것일까? 우리는 이 부분을 알아내야만 할 것이다. 하지만 한 가지는 분명하다. 그런 결정들을 내리기 위해서는 유전학의 기본 원리들을 이해할 필요가 있다. 우리 인체가 어떻게 작동되는지, 우리 유전자가 어떻게 형질들을 끌어내는지, 그리고 빌어먹을 DNA는 왜 그렇게 게으른지. 이런 질문들에 대한 포괄적이면서도 미묘한 차이를 놓치지 않는 이해력이 필요할 것이다.

유전학 및 의학 연구가 진보하고 서로 융합되면서, 우리 가족과 우

DNA의 모든 것을 이토록 쉽고 재밌게 설명하다니!

리 자신의 건강과 관련된 결정들은 내가 이 책에서 서술했던 기본 원칙들에 대한 이해를 바탕으로 내려져야 할 필요가 있을 것이다. 대부분의 기술처럼 우리가 그것을 어떻게 다루는가에 따라 유전학 연구는 희망의 원천이 될 수도, 인류의 파멸이 될 수도 있는 것이다.

부담 갖지 않길 바란다.

자료 출처 및 첨언

나는 맥주 바나 레스토랑 등에서 열리는 다양한 주제에 관한 트리비아 나이트 퀴즈 대회에 함께할 훌륭한 팀원은 아니다. 일반적인 상식이 그리 폭넓지 않기 때문이다. 하지만 보통 과학적 근거 없이 사실로 받아들여지는 마구잡이식 팩토이드에 대해서는 아주 잘 기억하는 편이다.

이 책을 쓰기 위해 나는 유전학에 관한 축적된 지식을 정리해서 초안을 작성하고 스스로 사실 여부를 확인했다. 일례로 확인 과정 중에 나는 귓불 유형이 멘델의 단일 유전자가 지배하는 형질이 아니라는 사실을 발견했다. 그리고 그 주제에 대해서, 델라웨어대학 생물과학 존 맥도널드 교수의 인간 유전학의 근거 없는 믿음들에 관한 웹사이트를 발견하게 되었다. 웹사이트를 통해 많은 부분들을 확인할 수 있었고, 맥도널드 교수와 이 사안들에 대해서 몇 차례 이메일을 주고받았다. 덕분에 이 책에서 다루는 정보들이 더욱 풍성해졌다.

온라인 자료 출처

OMIM(Online Mendelian Inheritance in Man): 인간 유전자 및 유전질환에 관한 온라인 일람표
www.omim.org

미국 국립생물정보센터(National Center for Biotechnology Information)
www.ncbi.nlm.nih.gov

인간 게놈 프로젝트 아카이브(Human Genome Project Archive)
http://genomics.energy.gov

23앤드미(23andMe)
www.23andme.com

GHR(Genetics Home Reference)
http://ghr.nlm.nih.gov

인간 게놈 기구(Human Genome Organisation, HUGO)
www.hugo-international.org

휴고 유전자 명명법 위원회(HUGO Gene Nomenclature Committee, HGNC)
www.genenames.org

내셔널지오그래픽의 지노그래픽 프로젝트
https://genographic.nationalgeographic.com

Family Tree DNA: 상업적 유전자 검사 업체
www.familytreedna.com

네이처 에듀케이션의 스키터블닷컴
www.nature.com/scitable

참고 서적

내가 주로 참고한 서적들은 다음과 같다.

《에머리의 의학 유전학의 요소들*Emery's Elements of Medical Genetics*, 14판》, 피터 턴페니와 시언 엘라르 지음.

인체에 대해, 그리고 인간을 제외한 다른 생명체들과 인간의 연결성에 대해 더 깊이 있는 독서를 원한다면 내가 개인적으로 무척 재미있게 읽었던 다음 책들을 강력 추천한다. 대부분의 추천 서적들 역시 정보 제공 면에서 이 책에 많은 도움을 주었다.

《의사와 수의사가 만나다*Zoobiquity*》, 바버라 내터슨-호러위츠와 캐스린 바워스 지음.

《내 몸의 사생활*Sex Sleep Eat Drink Dream*》, 제니퍼 애커먼 지음.

《내 안의 물고기*Your Inner Fish*》, 닐 슈빈 지음.

《삶에 얽매여*Riddled with Life*》, 마를린 주크 지음.

《헨리에타 랙스의 불멸의 삶*The Immortal Life of Henrietta Lacks*》, 레베카 스클루트 지음.

DNA의 모든 것을 이토록 쉽고 재미있게 설명하다니!

용어 사전

DNA 디옥시리보핵산deoxyribonucleic acid의 약어. 당신 몸의 모든 세포에서 발견되며 당신이라는 인간을 만드는 데 필요한 모든 정보를 지니고 있는 정말 지루한 물질. 보다시피 별것도 아니다.

RNA 리보 핵산의 약어. DNA 염기서열에서 만들어지며, 보통 단일가닥으로 되어 있는 일련의 염기들. 몇몇 RNA들은 세포 속에서 일을 하고, 다른 RNA들은 단백질을 만드는 데 쓰인다.

구아닌Guanine G 사다리의 가로대를 형성하는 DNA의 염기들 중 하나. 시토신과 짝을 이룬다.

뉴클레오타이드Nucleotide DNA의 기본 구성단위. 1개의 당, 1개의 인산염, 그리고 1개의 염기로 이루어져 있다.

단백질Protein 아미노산들이 연결되어 있는 물질. 뒤틀리고 접혀서 정말 말도 안 되는 형태를 이룬다. 당신 몸속에서 중요한 것들은 거의 모두 취급한다.

대립유전자Allele 유전자의 한 유형. 예를 들어 꽃 색깔에 대한 유전자는 흰색 대립유전자와 보라색 대립유전자를 가지고 있을 수 있다.

돌연변이Mutation DNA상의 어떤 변화. 글자 하나 정도로 아주 사소한 변화일 수도 있고, 마디 하나가 유실되거나 추가로 붙을 수도 있다.

디옥시리보스Deoxyribose DNA의 골격에서 발견되는 오각형 모양의 당.

리보솜Ribosome 세포의 주된 부분이라 할 수 있는 핵 바깥쪽에서 발견되는 아주 작은 단백질 공장. 2개의 RNA 하위단위로 만들어진다.

리보스Ribose RNA의 골격에서 발견되는 오각형 모양의 당.

바이러스Virus 단백질 껍질로 둘러싸인 한 조각의 핵산(DNA일 때도 있고 RNA 일 때도 있다).

번역Translation 하나의 리보솜이 하나의 단백질을 생성하기 위해서 한 가닥의 RNA 염기서열을 해독하고 이용하는 과정.

복제Replication DNA가 자신의 복사본을 만드는 과정.

시토신Cytosine 사다리의 가로대를 형성하는 DNA의 염기들 중 하나. 구아닌과 짝을 이룬다.

아데닌Adenine 사다리의 가로대를 형성하는 DNA의 염기들 중 하나. 티민과 짝을 이룬다.

아미노산Amino acids 단백질의 구성 단위.

열성Recessive 우성인 유전자 유형에 의해 가려질 수 있는 대립유전자. 열성 형질은 당신이 그것의 복사본을 2개 받으면 겨우 발현된다.

염기Base DNA의 한 부분으로서 이중 나선 사다리의 가로대를 형성한다.

염색체Chromosome 단단하게 꼬인 DNA로 만들어진 구조체.

DNA의 모든 것을 이토록 쉽고 재밌게 설명하다니!

우라실Uracil   DNA에서는 발견되지 않고 RNA에서만 발견되는 염기(아데닌, 티민, 시토신, 그리고 구아닌과 같은 염기). RNA에서 우라실은 티민을 대신하므로 아데닌과 짝을 이룬다.

우성Dominant   우리 모두는 각 유전자들의 복사본 2개를 가지고 있으므로 한 유전자의 한 유형이 발현되면서 그 유전자의 다른 유형을 숨길 수 있을 때, 이 유전자의 유형을 주도적, 즉 우성이라고 한다.

유전자Gene   DNA의 한 구간으로서 거기에 RNA를 만드는 데 필요한 지령들이 들어 있다. 이 RNA는 하나의 특정한 단백질을 만드는 데 쓰일 수도 있다.

유전암호Genetic code   세포들이 3개의 염기로 된 RNA 구간들을 번역하여 단백질을 만드는 데 적용하는 규칙.

인산기Phosphate group   DNA 골격의 일부를 차지하는 화합물. 1개의 인 원자가 4개의 산소 원자로 둘러싸여 있다.

전사Transcription   한 단위의 DNA 염기서열에 따라 한 가닥의 RNA가 생성되는 과정.

종결코돈stop codon   RNA 염기서열 중에 염기 3개로 된 '단어'. 리보솜에게 단백질 생성을 중지하라고 지시한다.

코돈codon   RNA에 들어 있는 염기 3개의 조합. 단백질들이 만들어질 때 1개의 코돈은 1개의 아미노산으로 번역된다.

티민Thymine   사다리의 가로대를 형성하는 DNA의 염기들 중 하나. 아데닌과 짝을 이룬다.

찾아보기

DNA의 모든 것을 이토록 쉽고 재밌게 설명하다니!

DNA의 모든 것을 이토록 쉽고 재밌게 설명하다니!

아데노신삼인산 · 78, 123, 125
아데닌 · 20, 21, 26, 38, 125, 128
아미노산 · 31, 33, 34, 35, 40, 41, 56
안드로겐 불감성증후군 · 103
안젤리나 졸리 · 181
알레르기 · 99, 198–205
알베르트 아인슈타인 · 170
알츠하이머병 · 96, 99, 183
알코올중독 · 98
암 유전자 · 46, 178–181
암내 · 112
암호화 DNA · 64, 65
앙드레 르네 루시모프 · 176
앨프리드 허시 · 49

ㅈ

ㅊ

ㅋ

DNA의 모든 것을 이토록 쉽고 재밌게 설명하다니!

DNA의 모든 것을 이토록 쉽고 재밌게 설명하다니!

1판 1쇄 발행 | 2024년 7월 31일
1판 2쇄 발행 | 2024년 11월 15일

지은이 | 생물학자 비어트리스
옮긴이 | 오지현
감수자 | 이영일

발행인 | 김기중
주간 | 신선영
편집 | 백수연, 민성원, 유엔제이
마케팅 | 김신정, 김보미
경영지원 | 홍운선

펴낸곳 | 도서출판 더숲
주소 | 서울시 마포구 동교로 43-1 (04018)
전화 | 02-3141-8301
팩스 | 02-3141-8303
이메일 | info@theforestbook.co.kr
페이스북 | @forestbookwithu
인스타그램 | @theforest_book
출판신고 | 2009년 3월 30일 제2009-000062호

ISBN | 979-11-92444-98-7 (03470)